Training
Lineare Algebra und Analytische Geometrie

Sekundarstufe II

Beilage: Lösungsheft

Von Jürgen Handke

Ernst Klett Verlag
Stuttgart München Düsseldorf Leipzig

Gedruckt auf Papier, welches aus Altpapier hergestellt wurde.

Die Deutsche Bibliothek – CIP-Einheitsaufnahme

Handke, Jürgen:
Training Lineare Algebra und Analytische Geometrie:
Sekundarstufe II / von Jürgen Handke. – 8. Aufl. – Stuttgart;
München; Düsseldorf; Leipzig; Klett, 1997
ISBN 3-12-922006-2

8. Auflage 1997

Satz: Zechnersche Buchdruckerei, Speyer
Druck: Wilhelm Röck, Weinsberg. Printed in Germany.
Grafiken: G. Bosch, Stuttgart
Einbandgestaltung: Bayerl & Ost, Frankfurt
ISBN 3-12-922006-2

Inhaltsverzeichnis

Das Stoffgebiet ‚Lineare Algebra/Analytische Geometrie' ist so riesig, daß zwangsläufig wegen des Umfangs des Bandes Schnitte erforderlich sind: Nicht behandelt werden die affinen Abbildungen mit der zugehörigen Matrizenrechnung; dieses Thema würde – hinreichend ausführlich dargestellt – bereits ein eigenes Buch füllen. Alle anderen in der Schule wichtigen Gebiete sind vorhanden. Der Akzent liegt dabei eindeutig auf der praktisch-technischen und anschaulichen Behandlung der Themen, die Theorie ist auf das absolut Notwendige beschränkt: dieses Buch soll im wortwörtlichen Sinn ein ‚Trainings'-Band sein (und kein Lehrbuchersatz).

Eine Bemerkung noch zu den Übungsaufgaben: Ich habe mich bemüht, neben den „üblichen", relativ schematischen Beispielen auch möglichst viele Aufgaben zu erstellen, die sich nicht sofort von selbst erschließen, sondern Verständnis und Nachdenken verlangen: ‚Training für den Ernstfall'; wenn Sie also (aus welchem Grund auch immer) nicht alle Übungsaufgaben durchrechnen können, so sollten Sie sie doch zumindest durchlesen und sich einen Lösungsweg überlegen. Und: Schauen Sie nicht zu schnell im Lösungsheft nach!

Und nun viel Spaß und Erfolg beim Rechnen und Tüfteln!

1. Vektoren

1.1 Vektorbegriff

a) Der Begriff des **Vektors** ist Ihnen sicherlich noch aus der Mittelstufengeometrie (Verschiebung, zentrische Streckung) oder der Physik (Kraft, Geschwindigkeit) geläufig; wir wollen ihn kurz am Beispiel der Verschiebung wiederholen:

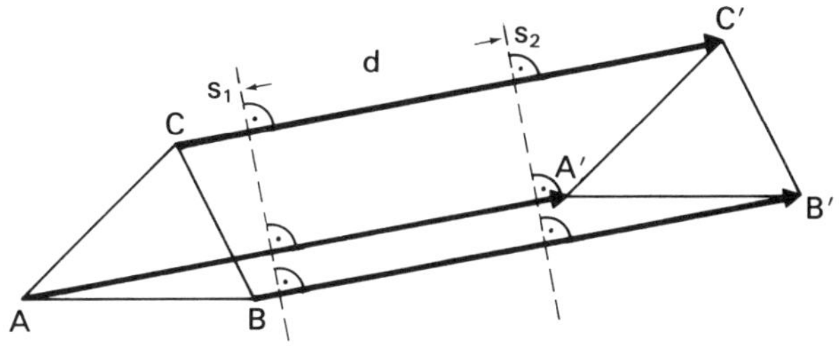

Spiegelt man ein Dreieck ABC nacheinander an zwei im Abstand d parallelen Spiegelachsen s_1 und s_2, so erhält man ein kongruentes Dreieck A′B′C′ mit demselben Drehsinn; das Bilddreieck ist gegenüber dem Ausgangsdreieck weder gedreht noch gespiegelt, es erscheint lediglich um die Strecke $\overline{AA'} = \overline{BB'} = \overline{CC'} = 2d$ „verschoben“. Statt das Dreieck ABC zweimal zu spiegeln, kann man das Bilddreieck A′B′C′ daher schneller konstruieren, indem man jeden Punkt des Anfangsdreiecks um den Schiebungsvektor $\overrightarrow{AA'} = \overrightarrow{BB'} = \overrightarrow{CC'}$ (beachten Sie die Pfeile!) verschiebt; es genügt dabei die Angabe z. B. von $\overrightarrow{AA'}$, denn alle drei oben eingezeichneten Pfeile sind gleich: sie haben dieselbe Länge ($= 2d$), dieselbe Richtung (alle 3 Pfeile sind zueinander parallel, da sie senkrecht auf beiden Spiegelachsen stehen) und dieselbe Orientierung (alle Pfeilspitzen sind gleichgerichtet). Alle (verschiedenen) Pfeile gehören aber zu derselben Verschiebung; aus Zweckmäßigkeitsgründen faßt man daher alle Pfeile einer Verschiebung zu einem Vektor zusammen:

> **Unter einem Vektor versteht man eine Klasse von Pfeilen gleicher Länge, gleicher Richtung und gleicher Orientierung.**

b) Anmerkungen:

① **„Gleiche Richtung“:** Damit ist lediglich gemeint, daß die Pfeile zueinander **parallel** sind; die Pfeilspitze spielt hierbei keine Rolle. Vektoren mit gleicher Richtung (auch verschiedener Länge!) nennt man **kollinear.**

② **„Gleiche Orientierung“:** Sie wird durch die Pfeilspitze festgelegt.

Beispiel: Die Vektoren $\overrightarrow{AA'}$ (von A nach A′/Pfeilspitze bei A′) und $\overrightarrow{C'C}$ (von C′ nach C/Pfeilspitze bei C) haben zwar dieselbe Länge und dieselbe Richtung (parallel!), nicht aber dieselbe Orientierung: der erste Vektor verschiebt $\triangle ABC$ nach $\triangle A'B'C'$ (wie in der Zeichnung), $\overrightarrow{C'C}$ stellt hingegen die Rückabbildung $\triangle A'B'C' \mapsto \triangle ABC$ dar. Die beiden Vektoren sind also nicht gleich, sondern nur kollinear!

③ Zwei Vektoren sind also erst dann **gleich,** wenn sie in Länge, Richtung und Orientierung übereinstimmen (d.h. genau dieselbe Verschiebung repräsentieren)!

Beispiel: Ein gleichseitiges Dreieck ABC hat zwar drei gleiche Seitenlängen ($\overline{AB} = \overline{AC} = \overline{BC}$/keine Pfeilspitzen!), aber drei verschiedene Seitenvektoren ($\overrightarrow{AB} \neq \overrightarrow{AC} \neq \overrightarrow{BC}$/Pfeilspitzen!), da die Richtungen der drei Seiten natürlich verschieden sind.

④ Einen einzelnen Pfeil aus der Vektorklasse nennt man einen **Repräsentanten** dieses Vektors.
Kennt man einen Repräsentanten eines Vektors, so kennt man auch sofort die ganze Klasse: durch Parallelverschieben dieses Repräsentanten in alle möglichen Lagen erhält man den Vektor.

⑤ Physikalische Vektorgrößen sind z.B. Kraft, Weg und Geschwindigkeit (in allen Fällen ist die Richtung wesentlich!); richtungsunabhängige Größen nennt man **Skalare** (z.B. Temperatur und Masse).

1.2 Vektoren im Koordinatensystem

a) Hat man ein Koordinatensystem zur Verfügung, so kann man Vektoren auch zahlenmäßig erfassen: In der nebenstehenden Abbildung sehen Sie verschiedene Repräsentanten desselben Vektors. Zur Definition des Vektors $\vec{a}$ müßte man von einem beliebigen Repräsentanten Anfangs- und Endpunkt angeben (und außerdem natürlich wegen der Orientierung, welcher Punkt Anfangs- und welcher Punkt Endpunkt ist!), was nicht besonders praktikabel ist. Um das Verfahren zu vereinfachen, vereinbart man, daß man zur zahlenmäßigen Definition grundsätzlich den Repräsentanten nimmt, dessen Anfangspunkt der Nullpunkt 0 ist; die Koordinaten

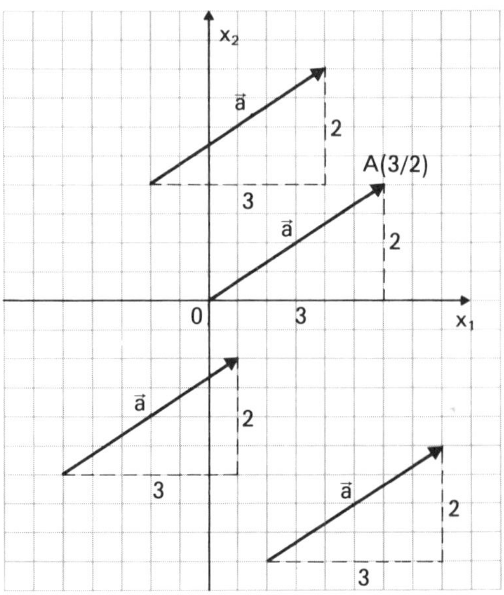

des Endpunktes A allein definieren dann den Vektor $\vec{a}$. Um Verwechselungen mit Koordinaten zu vermeiden, schreibt man die Komponenten eines Vektors untereinander statt (wie bei Koordinaten) nebeneinander. Man bezeichnet den Vektor $\vec{a} = \overrightarrow{0A}$, der vom Nullpunkt 0 des Koordinatensystems zum Punkt A zeigt, als den **Ortsvektor** des Punktes A und beschreibt diesen Zusammenhang kurz mit: $A(\vec{a})$.

Beispiele:

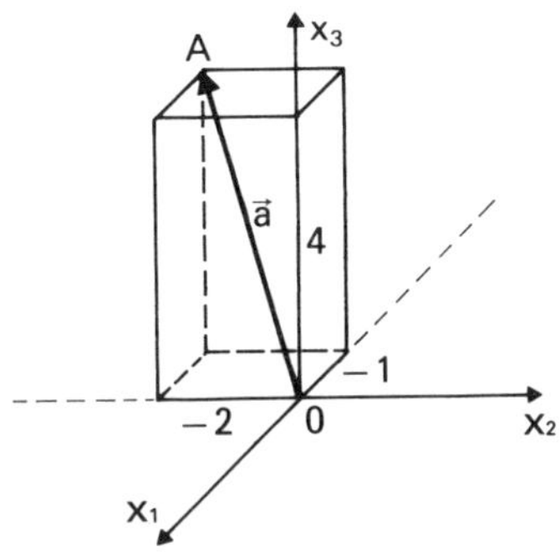

1. Hat der Punkt A (wie in der Zeichnung) die Koordinaten A(3/2), so wird der Vektor $\vec{a} = \overrightarrow{0A}$, der vom Nullpunkt zum Punkt A zeigt, mit $\vec{a} = \begin{pmatrix} 3 \\ 2 \end{pmatrix}$ notiert.

2. Im dreidimensionalen Raum („$\mathbb{R}^3$") kommt einfach eine weitere „Höhen"-Koordinate in x_3-Richtung hinzu: Hat der Punkt A die Koordinaten $A(-2/-1/4)$, so besitzt der zugehörige Ortsvektor die Komponenten $\vec{a} = \begin{pmatrix} -2 \\ -1 \\ 4 \end{pmatrix}$.

Es gilt also:

$$\textbf{Koordinaten } A(a_1/a_2/a_3) \Leftrightarrow \textbf{Ortsvektor } \overrightarrow{0A} = \begin{pmatrix} a_1 \\ a_2 \\ a_3 \end{pmatrix}$$

(Im folgenden sind Koordinaten und Vektoren fast immer dreidimensional notiert; setzen Sie in der x_1x_2-Ebene die letzte Komponente zu Null bzw. lassen Sie sie weg.)

b) Daß die Koordinaten eines Punktes zahlenmäßig mit den Komponenten eines Vektors übereinstimmen, gilt natürlich nur im Falle des Ortsvektors; in jedem anderen Fall ist dies falsch. Wollen Sie also die **Koordinaten eines Punktes** berechnen, bedeutet dies, daß Sie den **Ortsvektor des Punktes** bestimmen müssen.

Beispiel:

In der Zeichnung von (1.2.a) gilt $\vec{a} = \begin{pmatrix} 3 \\ 2 \end{pmatrix}$. Für den Ortsvektor bedeutet dies, daß sein Endpunkt die Koordinaten A(3/2) besitzt. Sonst besagt $\vec{a} = \begin{pmatrix} 3 \\ 2 \end{pmatrix}$ lediglich, daß man von einem beliebigen Anfangspunkt durch Weitergehen „3 Einheiten in x_1-Richtung und 2 Einheiten in x_2-Richtung" zum zugehörigen Endpunkt des Repräsentanten gelangt; dieser Endpunkt besitzt natürlich **nicht** die Koordinaten (3/2) (sie hängen vielmehr von der Wahl des Anfangspunktes ab)!!

1.3 Summe und Differenz von Vektoren

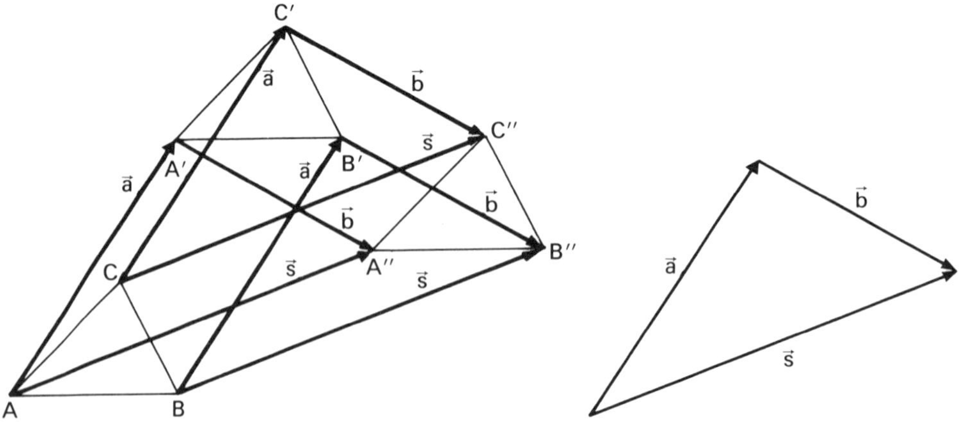

a) Führt man zwei Verschiebungen hintereinander aus ($\triangle ABC \xrightarrow{\vec{a}} \triangle A'B'C' \xrightarrow{\vec{b}} \triangle A''B''C''$), so kann man leicht zeigen, daß man dieselbe Endlage sofort auch mit nur einer Verschiebung um den Vektor $\vec{s}$ erreichen kann; der Vektor $\vec{s}$ beschreibt sozusagen die „Summe" der beiden Verschiebungen um die Vektoren $\vec{a}$ und $\vec{b}$, und man definiert ihn daher als **Summenvektor:** $\vec{s} = \vec{a} + \vec{b}$.
Verallgemeinert man dieses Prinzip auf mehrere Vektoren, so kann man geometrisch folgendes feststellen:

> Einen Repräsentanten des Summenvektors von mehreren Vektoren erhält man, indem man einzelne Vektorrepräsentanten mit „Pfeilspitze des vorhergehenden = Anfangspunkt des folgenden Repräsentanten" zusammensetzt; ein Repräsentant des Summenvektors läuft dann vom Anfangspunkt des ersten zur Pfeilspitze des letzten Repräsentanten.

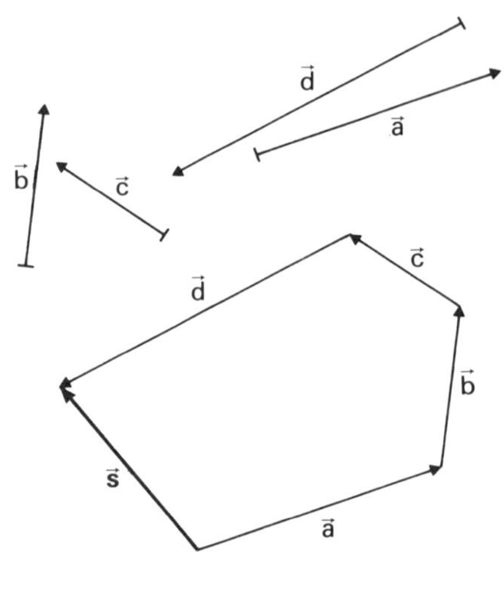

Man erkennt sofort, daß die Addition von Vektoren **kommutativ** ist („Kräfteparallelogramm“):

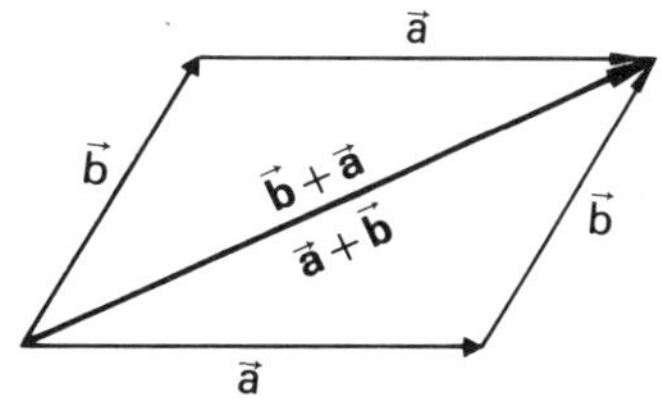

$$\boxed{\vec{a}+\vec{b}=\vec{b}+\vec{a}} \quad (*)$$

Ebenso gilt das **Assoziativgesetz:**

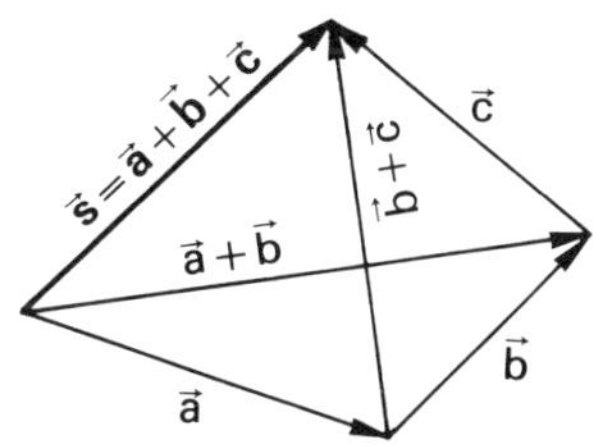

$$\boxed{(\vec{a}+\vec{b})+\vec{c}=\vec{a}+(\vec{b}+\vec{c})} \quad (*)$$

(Zwei verschiedene Vektorketten führen zu demselben Summenvektor!)

In **Koordinaten** ergibt sich (siehe nebenstehende Zeichnung):

$$\begin{pmatrix} a_1 \\ a_2 \end{pmatrix} + \begin{pmatrix} b_1 \\ b_2 \end{pmatrix} = \begin{pmatrix} a_1+b_2 \\ a_2+b_2 \end{pmatrix} \quad \text{bzw.}$$

$$\begin{pmatrix} a_1 \\ a_2 \\ a_3 \end{pmatrix} + \begin{pmatrix} b_1 \\ b_2 \\ b_3 \end{pmatrix} = \begin{pmatrix} a_1+b_1 \\ a_2+b_2 \\ a_3+b_3 \end{pmatrix}$$

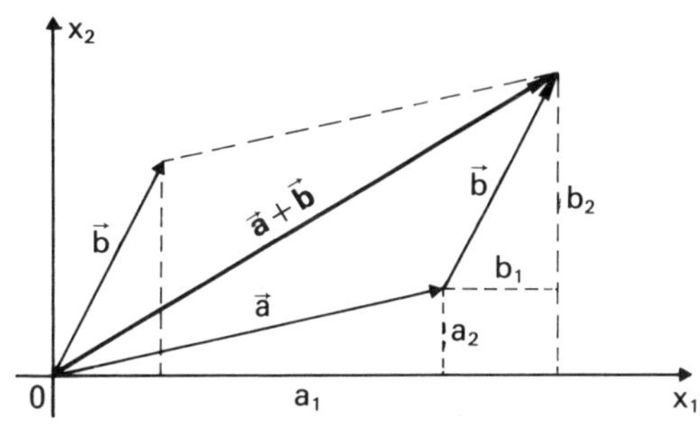

b) Beispiele:

① Bestimmen Sie den Summenvektor von $\vec{a}=\begin{pmatrix} -2 \\ -1 \\ 4 \end{pmatrix}$ und $\vec{b}=\begin{pmatrix} 3 \\ -2 \\ 2 \end{pmatrix}$.

$$\vec{a}+\vec{b}=\begin{pmatrix} -2 \\ -1 \\ 4 \end{pmatrix} + \begin{pmatrix} 3 \\ -2 \\ 2 \end{pmatrix} = \begin{pmatrix} -2+3 \\ -1+(-2) \\ 4+2 \end{pmatrix} = \begin{pmatrix} 1 \\ -3 \\ 6 \end{pmatrix}$$

② Auf einen Massenpunkt wirken 4 Kräfte mit den Kraftvektoren $\vec{F}_1=\begin{pmatrix} 3 \\ -2 \\ 2 \end{pmatrix}$, $\vec{F}_2=\begin{pmatrix} 1 \\ 4 \\ -5 \end{pmatrix}$, $\vec{F}_3=\begin{pmatrix} -6 \\ 1 \\ 0 \end{pmatrix}$ und $\vec{F}_4=\begin{pmatrix} 2 \\ -3 \\ 3 \end{pmatrix}$. Mit welcher Kraft und in welcher Richtung bewegt sich der Massenpunkt?

Auf den Punkt wirkt die Gesamtkraft

$$\vec{F}=\begin{pmatrix}3\\-2\\2\end{pmatrix}+\begin{pmatrix}1\\4\\-5\end{pmatrix}+\begin{pmatrix}-6\\1\\0\end{pmatrix}+\begin{pmatrix}2\\-3\\3\end{pmatrix}=\begin{pmatrix}3+1-6+2\\-2+4+1-3\\2-5+0+3\end{pmatrix}=\begin{pmatrix}0\\0\\0\end{pmatrix}:=\vec{0},$$ d.h. er bewegt sich nicht.

Anmerkungen:

1. Den Vektor $\begin{pmatrix}0\\0\\0\end{pmatrix}$ (bzw. $\begin{pmatrix}0\\0\end{pmatrix}$) bezeichnet man als **Nullvektor $\vec{0}$;** der Nullvektor besitzt die Länge 0 und (als einziger Vektor!) keine Richtung und Orientierung – er hat für die Summe von Vektoren dieselbe Funktion wie die 0 bei der Addition von reellen Zahlen:

$$\boxed{\vec{a}+\vec{0}=\vec{0}+\vec{a}=\vec{a}} \quad (*)$$

2. Eine derartige Kette von Vektoren mit der Summe $\vec{0}$ (wie in ②) bezeichnet man als **geschlossene Vektorkette.**

c) Zu jedem Vektor $\vec{a}\neq\vec{0}$ gibt es einen Vektor (er heißt **Gegenvektor,** wir wollen ihn zunächst mit $\vec{x}$ bezeichnen), der sich von $\vec{a}$ nur genau in der Orientierung unterscheidet; er macht die durch $\vec{a}$ erzeugte Verschiebung rückgängig (siehe auch (1.1.b.2)):

$$\boxed{\vec{a}+\vec{x}=\vec{0}} \quad (*)$$

Löst man diese Gleichung in ihre Komponenten auf:

$$\begin{pmatrix}a_1\\a_2\\a_3\end{pmatrix}+\begin{pmatrix}x_1\\x_2\\x_3\end{pmatrix}=\begin{pmatrix}0\\0\\0\end{pmatrix} \Leftrightarrow \begin{pmatrix}a_1+x_1\\a_2+x_2\\a_3+x_3\end{pmatrix}=\begin{pmatrix}0\\0\\0\end{pmatrix} \Leftrightarrow \begin{cases}a_1+x_1=0\\a_2+x_2=0,\\a_3+x_3=0\end{cases}$$

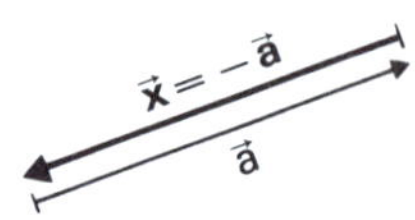

so erhält man genau dann eine wahre Aussage, wenn $x_1=-a_1$,. $x_2=-a_2$ und $x_3=-a_3$ gewählt wird. Dieser Gegenvektor wird aus diesem Grunde mit $-\vec{a}$ bezeichnet:

$$\boxed{\textbf{Gegenvektor zu } \vec{a}=\begin{pmatrix}a_1\\a_2\\a_3\end{pmatrix} \textbf{ ist } \quad -\vec{a}=-\begin{pmatrix}a_1\\a_2\\a_3\end{pmatrix}=\begin{pmatrix}-a_1\\-a_2\\-a_3\end{pmatrix}}$$

d) Beispiele:

① Die Gegenvektoren zu $\vec{a}=\begin{pmatrix}3\\2\end{pmatrix}$, $\vec{b}=\begin{pmatrix}-3\\1\\-2\end{pmatrix}$ und $\vec{c}=\begin{pmatrix}2\\0\\-1\end{pmatrix}$ sind

$-\vec{a}=-\begin{pmatrix}3\\2\end{pmatrix}=\begin{pmatrix}-3\\-2\end{pmatrix}$, $\quad -\vec{b}=-\begin{pmatrix}-3\\1\\-2\end{pmatrix}=\begin{pmatrix}-(-3)\\-1\\-(-2)\end{pmatrix}=\begin{pmatrix}3\\-1\\2\end{pmatrix}$ und

$-\vec{c}=-\begin{pmatrix}2\\0\\-1\end{pmatrix}=\begin{pmatrix}-2\\0\\1\end{pmatrix}$.

② Berechnen Sie in der nebenstehenden Zeichnung die Vektoren $\overrightarrow{AC}$, $\overrightarrow{BD}$ und $\overrightarrow{AD}$.

$\overrightarrow{AC}=\vec{a}+\vec{b}$ (Vektorsumme)

Bei der Berechnung von $\overrightarrow{BD}$ müssen Sie beachten, daß $\vec{c}=\overrightarrow{DC}$, d. h. $\overrightarrow{CD}=-\vec{c}$ ist: $\overrightarrow{BD}=\overrightarrow{BC}+\overrightarrow{CD}=\vec{b}+(-\vec{c}):=\vec{b}-\vec{c}$ (in Analogie zu den reellen Zahlen!)
Entsprechend ist

$\overrightarrow{AD}=\overrightarrow{AB}+\overrightarrow{BC}+\overrightarrow{CD}=\vec{a}+\vec{b}+(-\vec{c})$
$=\vec{a}+\vec{b}-\vec{c}$

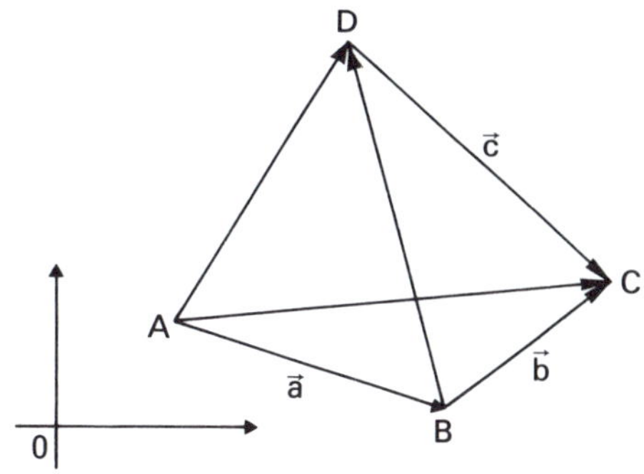

e) Im letzten Beispiel haben Sie gesehen, wie man die **Differenz** zweier Vektoren definiert:

> $\mathbf{\vec{a}-\vec{b}:=\vec{a}+(-\vec{b})}$ oder geometrisch:
> Man subtrahiert einen Vektor, indem man den Gegenvektor addiert.
>
> In Komponenten: $\begin{pmatrix}a_1\\a_2\end{pmatrix}-\begin{pmatrix}b_1\\b_2\end{pmatrix}=\begin{pmatrix}a_1-b_1\\a_2-b_2\end{pmatrix}$ bzw. $\begin{pmatrix}a_1\\a_2\\a_3\end{pmatrix}-\begin{pmatrix}b_1\\b_2\\b_3\end{pmatrix}=\begin{pmatrix}a_1-b_1\\a_2-b_2\\a_3-b_3\end{pmatrix}$

Mit Hilfe der Differenz läßt sich nun auch das Problem, wie man den Verbindungsvektor zweier beliebiger Punkte $A(\vec{a})$ und $B(\vec{b})$ berechnet, aus (1.2.b) lösen:
Der Vektor $\overrightarrow{AB}$ ergibt sich (Vektorsumme über den Nullpunkt 0 des Koordinatensystems) zu $(-\vec{a})+\vec{b}=\vec{b}-\vec{a}$.

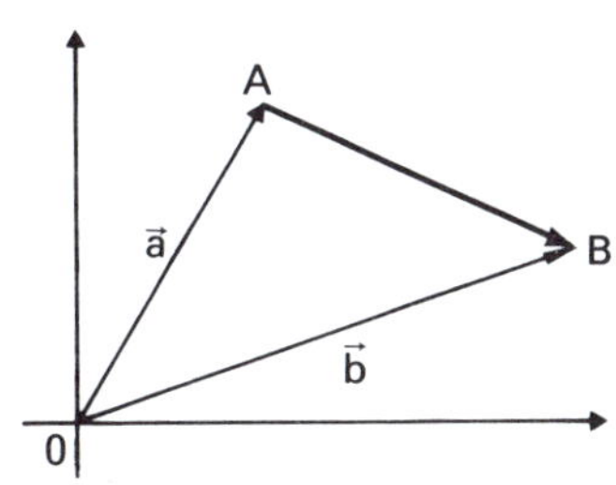

Also:

Verbindungsvektor = (Ortsvektor des Endpunktes) − (Ortsvektor des Anfangspunktes)

f) Beispiele:

① Der Differenzvektor von $\vec{a}=\begin{pmatrix}-3\\1\\-2\end{pmatrix}$ und $\vec{b}=\begin{pmatrix}2\\0\\-1\end{pmatrix}$ ist

$$\vec{a}-\vec{b}=\begin{pmatrix}-3\\1\\-2\end{pmatrix}-\begin{pmatrix}2\\0\\-1\end{pmatrix}=\begin{pmatrix}-3\\1\\-2\end{pmatrix}+\begin{pmatrix}-2\\0\\1\end{pmatrix}=\begin{pmatrix}-5\\1\\-1\end{pmatrix}.$$

② Zwischen den Punkten A(5/−1) und B(8/1) verläuft der Verbindungsvektor $\overrightarrow{AB}=\begin{pmatrix}8\\1\end{pmatrix}-\begin{pmatrix}5\\-1\end{pmatrix}=\begin{pmatrix}3\\2\end{pmatrix}$ bzw. sein Gegenvektor $\overrightarrow{BA}=\begin{pmatrix}5\\-1\end{pmatrix}-\begin{pmatrix}8\\1\end{pmatrix}=\begin{pmatrix}-3\\-2\end{pmatrix}=-\begin{pmatrix}3\\2\end{pmatrix}$.

③ Der Vektor $\overrightarrow{AB}=\begin{pmatrix}3\\-1\\-4\end{pmatrix}$ hat den Punkt B(4/3/−4) als Endpunkt. Welche Koordinaten besitzt der Anfangspunkt A? (siehe Zeichnung in e)).

Um die Koordinaten des Anfangspunktes A zu bestimmen, müssen wir den Ortsvektor $\overrightarrow{0A}$ des Punktes A berechnen (1.2.b):

$\overrightarrow{AB}=\overrightarrow{0B}-\overrightarrow{0A}$ (nach $\overrightarrow{0A}$ auflösen)

$\overrightarrow{0A}=\overrightarrow{0B}-\overrightarrow{AB}$

$$\overrightarrow{0A}=\begin{pmatrix}4\\3\\-4\end{pmatrix}-\begin{pmatrix}3\\-1\\-4\end{pmatrix}=\begin{pmatrix}1\\4\\0\end{pmatrix}$$

A hat also die Koordinaten A(1/4/0) (liegt also in der x_1x_2-Ebene).
(**Achtung:** $\overrightarrow{AB}$ ist Verbindungsvektor und kein Ortsvektor; auseinanderhalten!)

④ Wir wollen die Aufgabe (1.3.d.2) nochmals, nun aber mit Koordinaten rechnen; es sei nun A(−2/1), B(1/−1), C(3/1) und $\overrightarrow{DC}=\begin{pmatrix}1\\-3\end{pmatrix}$. (Fertigen Sie eine maßstäbliche Zeichnung an!)

Die 3 Vektoren sind nun ganz einfach auszurechnen, nämlich:

$\overrightarrow{AC} = \overrightarrow{0C} - \overrightarrow{0A} = \begin{pmatrix}3\\1\end{pmatrix} - \begin{pmatrix}-2\\1\end{pmatrix} = \begin{pmatrix}5\\0\end{pmatrix}$

Die Koordinaten von D erhält man aus $\overrightarrow{DC} = \overrightarrow{0C} - \overrightarrow{0D}$, d.h.

$\overrightarrow{0D} = \overrightarrow{0C} - \overrightarrow{DC} = \begin{pmatrix}3\\1\end{pmatrix} - \begin{pmatrix}1\\-3\end{pmatrix} = \begin{pmatrix}2\\4\end{pmatrix} \Rightarrow D(2/4)$

$\overrightarrow{BD} = \overrightarrow{0D} - \overrightarrow{0B} = \begin{pmatrix}2\\4\end{pmatrix} - \begin{pmatrix}1\\-1\end{pmatrix} = \begin{pmatrix}1\\5\end{pmatrix}$

$\overrightarrow{AD} = \overrightarrow{0D} - \overrightarrow{0A} = \begin{pmatrix}2\\4\end{pmatrix} - \begin{pmatrix}-2\\1\end{pmatrix} = \begin{pmatrix}4\\3\end{pmatrix}$

(Wir hätten natürlich auch entsprechend der Rechnung von (1.3.d.2) vorgehen können, indem wir zunächst $\vec{a} = \overrightarrow{0B} - \overrightarrow{0A} = \begin{pmatrix}1\\-1\end{pmatrix} - \begin{pmatrix}-2\\1\end{pmatrix} = \begin{pmatrix}3\\-2\end{pmatrix}$ und $\vec{b} = \overrightarrow{0C} - \overrightarrow{0B} = \begin{pmatrix}3\\1\end{pmatrix} - \begin{pmatrix}1\\-1\end{pmatrix} = \begin{pmatrix}2\\2\end{pmatrix}$ ausgerechnet hätten und diese Vektoren in die errechneten Ergebnisse für die 3 Vektoren eingesetzt hätten – rechnen Sie selbst nach!)

Aufgaben:

1. Gegeben sind die Vektoren $\vec{a} = \begin{pmatrix}2\\1\end{pmatrix}$, $\vec{b} = \begin{pmatrix}-4\\2\end{pmatrix}$ und $\vec{c} = \begin{pmatrix}2\\-3\end{pmatrix}$.
   (a) Bilden Sie die Summenvektoren $\vec{a}+\vec{b}$, $\vec{a}+\vec{c}$, $\vec{b}+\vec{c}$, $\vec{a}+\vec{b}+\vec{c}$. Welche spezielle Lage haben also $\vec{a}$, $\vec{b}$ und $\vec{c}$?
   (b) Wie lauten die Gegenvektoren der 3 Vektoren?
   (c) Berechnen Sie die in (a) entsprechenden Differenzvektoren.
   (d) Welcher Vektor $\vec{x}$ schließt die Vektorkette aus $-\vec{a}$, $\vec{b}$, $\vec{c}-\vec{b}$?

2. Berechnen Sie die Vektoren $\overrightarrow{AB}$ und $\overrightarrow{BA}$ für
   (a) A(3/4), B(9/2)
   (b) A(−3/5), B(3/−2)
   (c) A(−2/4/−3), B(−4/4/1)
   (d) A(2/−5/1), B(0/0/0)

3. Berechnen Sie aus 2 der 3 Angaben A, B und $\overrightarrow{AB}$ (bzw. $\overrightarrow{BA}$) das jeweils fehlende Stück:
   (a) A(2/−1/3), $\overrightarrow{AB} = \begin{pmatrix}4\\2\\-3\end{pmatrix}$
   (b) A(−4/3/−7), $\overrightarrow{BA} = \begin{pmatrix}-4\\-3\\7\end{pmatrix}$
   (c) B(3/−2), $\overrightarrow{AB} = \begin{pmatrix}3\\-2\end{pmatrix}$
   (d) B(4/−7), $\overrightarrow{BA} = \begin{pmatrix}-2\\-3\end{pmatrix}$

4. In einem Parallelogramm ABCD mit dem Diagonalenschnittpunkt M sei $\overrightarrow{MA} := \vec{a}$ und $\overrightarrow{MB} := \vec{b}$. Drücken Sie mit Hilfe von $\vec{a}$ und $\vec{b}$ folgende Vektoren aus:
(a) $\overrightarrow{MC}$, $\overrightarrow{MD}$ (b) $\overrightarrow{AB}$, $\overrightarrow{BC}$, $\overrightarrow{CD}$, $\overrightarrow{DA}$

5. Welche Koordinaten hat die Ecke D des Parallelogramms ABCD mit A(2/−1/4), B(3/2/−5) und C(8/−5/−4)?

6. Im Parallelogramm ABCD sind die Mittelpunkte der Seiten $M_{\overline{AB}}(4/-3)$, $M_{\overline{BC}}(6/0)$ sowie der Diagonalenschnittpunkt M(3/1) gegeben. Berechnen Sie die Koordinaten der 4 Eckpunkte.

7. Ein Flugzeug nimmt Kurs genau nach Osten mit v = 600 km/h; gleichzeitig weht Wind aus Nordost mit v = 60 km/h. Wie schnell fliegt das Flugzeug effektiv, und unter welchem Winkel α wird es nach Süden abgetrieben? (Trigonometrie!)

1.4 Skalare Multiplikation

a) Genauso wie man in den reellen Zahlen eine fortgesetzte Addition durch die Multiplikation verkürzt $(7+7+7=3\cdot 7)$, kann man eine mehrfache Addition eines Vektors mit sich selbst durch eine Multiplikation mit einer Zahl (mit einem „Skalar") verkürzen; man definiert z.B. bei gegebenem $\vec{a}$: $\vec{a}+\vec{a} := 2\cdot\vec{a}$ (den Malpunkt läßt man wie in den reellen Zahlen meist weg), $\vec{a}+\vec{a}+\vec{a} := 3\vec{a}$ usw.

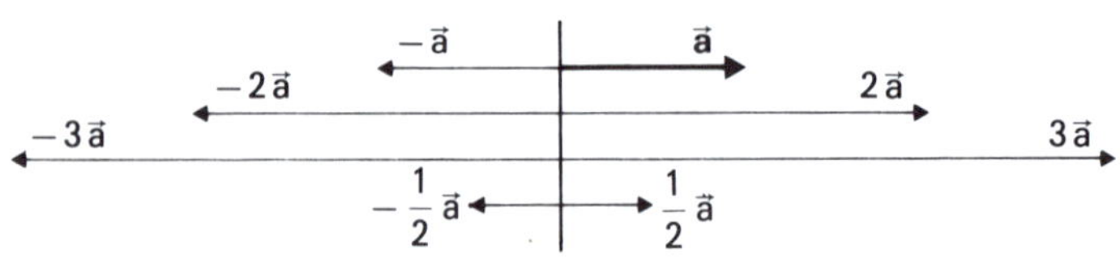

Bei der skalaren Multiplikation $k\cdot\vec{a}$ $(k\in\mathbb{N})$ wird der Vektor $\vec{a}$ also nicht in seiner Richtung und Orientierung geändert, sondern nur um den Faktor k gestreckt. Diese Definition kann man auf beliebiges positives $k\in\mathbb{R}^+$ ausdehnen; so bedeutet $\frac{1}{2}\vec{a}$ also einen Vektor mit der Richtung und Orientierung von $\vec{a}$, aber nur von halber Länge. Für negatives $k\in\mathbb{R}^-$ geht man am einfachsten vom Beispiel des Gegenvektors $-\vec{a}$ aus: Der Vektor $-2\vec{a}$ ist dann der Gegenvektor von $2\vec{a}$, $-3\vec{a}$ der Gegenvektor von $3\vec{a}$ usw.; gegenüber dem Vektor $\vec{a}$ ändert sich dabei allerdings auch die Orientierung!
Zwei Vektoren, die sich nur durch einen skalaren Faktor unterscheiden, nennt man auch – wenn man den geometrischen Zusammenhang besonders betonen möchte – **kollinear** (siehe auch (1.1.b)).

Zusammenfassung: Für $k \in \mathbb{R} \setminus \{0\}$ besitzt der Vektor $k \cdot \vec{a}$ dieselbe Richtung wie der Vektor $\vec{a}$ und die $|k|$-fache Länge von $\vec{a}$. Für $k > 0$ bleibt die Orientierung erhalten, für $k < 0$ kehrt sie sich um.
(Für $k = 0$ erhält man den Nullvektor $\vec{0}$.)

b) Im Koordinatensystem ergibt sich aus der zentrischen Streckung um den Nullpunkt mit dem Faktor k eine ganz einfache Regel:

$$k \cdot \begin{pmatrix} a_1 \\ a_2 \end{pmatrix} = \begin{pmatrix} k \cdot a_1 \\ k \cdot a_2 \end{pmatrix} \quad \text{bzw.}$$

$$k \cdot \begin{pmatrix} a_1 \\ a_2 \\ a_3 \end{pmatrix} = \begin{pmatrix} k \cdot a_1 \\ k \cdot a_2 \\ k \cdot a_3 \end{pmatrix}$$

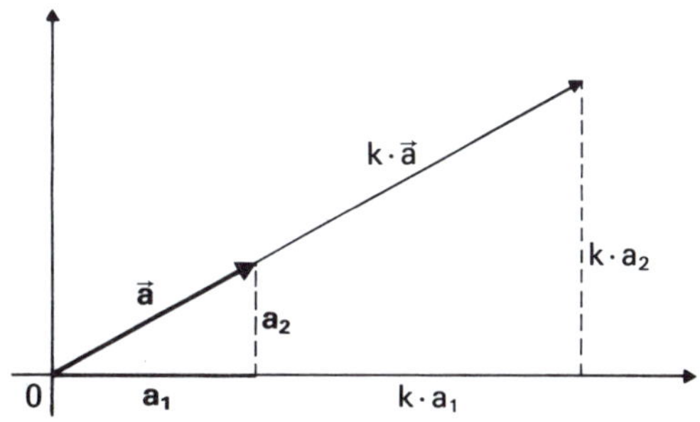

Beispiel:

Für $\vec{a} = \begin{pmatrix} 3 \\ -2 \end{pmatrix}$ lauten also die Vektoren $2\vec{a} = 2 \cdot \begin{pmatrix} 3 \\ -2 \end{pmatrix} = \begin{pmatrix} 2 \cdot 3 \\ 2 \cdot (-2) \end{pmatrix} = \begin{pmatrix} 6 \\ -4 \end{pmatrix}$,

$3\vec{a} = \begin{pmatrix} 9 \\ -6 \end{pmatrix}$, $\frac{1}{2}\vec{a} = \begin{pmatrix} 1{,}5 \\ -1 \end{pmatrix}$, $-4\vec{a} = \begin{pmatrix} -12 \\ 8 \end{pmatrix}$, $-\frac{2}{3}\vec{a} = \begin{pmatrix} -2 \\ 4/3 \end{pmatrix}$.

Aus dieser Regel ergeben sich folgende Gesetzmäßigkeiten (die man über passende zentrische Streckungen beweisen kann):

1. Distributivgesetz:	$\mathbf{k(\vec{a} \pm \vec{b}) = k\vec{a} \pm k\vec{b}}$	$(k, m \in \mathbb{R})$
2. Distributivgesetz:	$\mathbf{(k \pm m)\vec{a} = k\vec{a} \pm m\vec{a}}$	
Assoziativgesetz:	$\mathbf{k(m \cdot \vec{a}) = (k \cdot m)\vec{a}}$	

(*)

Beispiele:

$2(\vec{a} + \vec{b}) = 2\vec{a} + 2\vec{b}$
$(2-3)\vec{a} = 2\vec{a} - 3\vec{a} = (-1)\vec{a} = -\vec{a}$
$2(-3\vec{a}) = [2 \cdot (-3)]\vec{a} = (-3) \cdot 2\vec{a} = -6\vec{a}$

$$\boxed{1 \cdot \vec{a} = \vec{a}} \quad (*)$$

Kurz gesagt:

Die Regeln für Summe, Differenz und skalare Multiplikation von Vektoren stimmen der äußeren Form nach mit den entsprechenden Gesetzen der Addition, Subtraktion und Multiplikation reeller Zahlen überein.

c) Eine Menge von Elementen (die man dann Vektoren nennt), die die Gesetze aus (1.3) und (1.4), die mit (*) gekennzeichnet sind, erfüllt, nennt man einen **reellen Vektorraum.**

(Außer dem hier entwickelten Modell eines Vektorraums, dem Vektorraum aller Verschiebungen (aller Pfeilklassen), taucht dieser Begriff in ganz anderen Zusammenhängen wieder auf: so bilden z. B. alle Lösungen eines homogenen linearen Gleichungssystems, die Menge aller Polynome vom Grad $\leq n$, die Menge aller Folgen reeller Zahlen ... reelle Vektorräume.)

d) Mit der skalaren Multiplikation kann man nun auch **Vektoren gleicher Richtung** (kollineare Vektoren) leicht erkennen; genau die kollinearen Vektoren lassen sich nämlich durch Multiplikation mit einem skalaren Faktor ineinander überführen:

$$\vec{a}, \vec{b} \text{ kollinear} \Leftrightarrow \vec{a} = k \cdot \vec{b} \quad \text{für ein } k \in \mathbb{R} \setminus \{0\}$$

Beispiel:

Die Vektoren $\vec{a} = \begin{pmatrix} -4 \\ 0 \\ 3 \end{pmatrix}$ und $\vec{b} = \begin{pmatrix} 0{,}8 \\ 0 \\ -0{,}6 \end{pmatrix}$ sind kollinear, denn $\begin{pmatrix} -4 \\ 0 \\ 3 \end{pmatrix} = (-5)\begin{pmatrix} 0{,}8 \\ 0 \\ -0{,}6 \end{pmatrix}$.

(Den Faktor $k = -5$ kann man einfach in einer Komponente durch Division ermitteln: $k = \frac{-4}{0{,}8} = -5$ (bzw. umgekehrt) und zur Probe in die anderen Komponenten einsetzen!) Die Vektoren $\vec{m} = \begin{pmatrix} 6 \\ -3 \\ 3 \end{pmatrix}$ und $\vec{n} = \begin{pmatrix} -2 \\ 1 \\ 1 \end{pmatrix}$ sind dagegen nicht kollinear, denn $\frac{6}{-2} = \frac{-3}{1} \neq \frac{3}{1}$.

e) Beispiele:

① Gegeben ist ein Parallelogramm mit den Ecken A (Ortsvektor $\vec{a}$), B($\vec{b}$) und C($\vec{c}$).

Welche Koordinaten besitzen die 4. Ecke D sowie der Mittelpunkt M des Parallelogramms?

Wegen $\overrightarrow{AD} = \overrightarrow{BC}$ gilt
$\vec{d} = \vec{a} + \overrightarrow{BC} = \vec{a} + (\vec{c} - \vec{b})$

$\underline{\vec{d} = \vec{a} - \vec{b} + \vec{c}}$

Für den Mittelpunkt M gilt

$\overrightarrow{AM} = \overrightarrow{MC} = \frac{1}{2}\overrightarrow{AC}$;

der Ortsvektor $\vec{m} = \overrightarrow{0M}$ ist dann

$$\vec{m} = \vec{a} + \frac{1}{2}\overrightarrow{AC} = \vec{a} + \frac{1}{2}(\vec{c} - \vec{a})$$

$$= \vec{a} + \frac{1}{2}\vec{c} - \frac{1}{2}\vec{a} = \frac{1}{2}\vec{a} + \frac{1}{2}\vec{c}$$

$$\underline{\vec{m} = \frac{1}{2}(\vec{a} + \vec{c})}$$

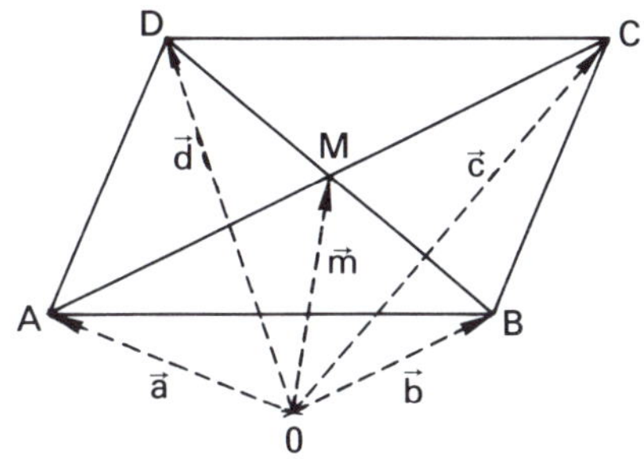

(**Zur Zeichnung:** Im allgemeinen genügt eine Schemaskizze ohne Koordinatensystem, in der lediglich der Nullpunkt 0 markiert ist (Ortsvektoren!).)

② *Mittelpunkt einer Strecke*

Welche Koordinaten besitzt der Mittelpunkt der Strecke $\overline{AB}$ mit A(−3/2) und B(5/4)?

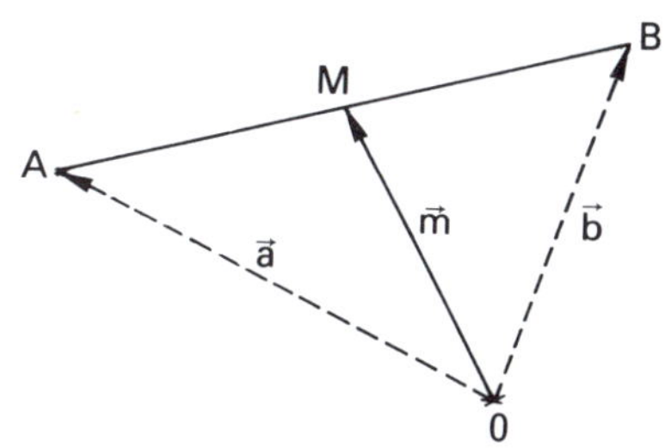

Allgemein gilt für den Ortsvektor des Mittelpunkts:

$$\overrightarrow{0M} = \overrightarrow{0A} + \frac{1}{2}\overrightarrow{AB} = \vec{a} + \frac{1}{2}(\vec{b} - \vec{a})$$

$$= \vec{a} + \frac{1}{2}\vec{b} - \frac{1}{2}\vec{a}$$

Mittelpunkt der Strecke $\overline{A(\vec{a})\,B(\vec{b})}$: $\vec{m} = \frac{1}{2}(\vec{a} + \vec{b})$

In Zahlen: $\vec{m} = \frac{1}{2}\left[\begin{pmatrix}-3\\2\end{pmatrix} + \begin{pmatrix}5\\4\end{pmatrix}\right] = \frac{1}{2}\begin{pmatrix}2\\6\end{pmatrix} = \begin{pmatrix}1\\3\end{pmatrix}$: $\underline{M(1/3)}$

③ *Punktspiegelung*

Eine Kugel mit dem Mittelpunkt M(−3/1/2) und dem Radius r = 5 LE wird um den Punkt Z(1/0/−2) gespiegelt. Bestimmen Sie die Bildkugel.

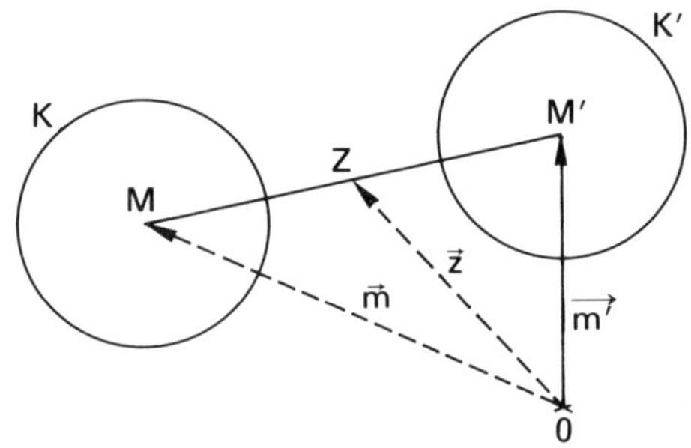

Bei jeder Kongruenzabbildung bleiben Längen erhalten; also ist r′ = 5 LE. Die Koordinaten des gespiegelten Mittelpunkts M′ erhält man über die Vektorkette $\overrightarrow{m'} = \vec{m} + 2\overrightarrow{MZ}$

$$\overrightarrow{m'} = \begin{pmatrix} -3 \\ 1 \\ 2 \end{pmatrix} + 2\left[\begin{pmatrix} 1 \\ 0 \\ -2 \end{pmatrix} - \begin{pmatrix} -3 \\ 1 \\ 2 \end{pmatrix}\right] = \begin{pmatrix} -3 \\ 1 \\ 2 \end{pmatrix} + 2\begin{pmatrix} 4 \\ -1 \\ -4 \end{pmatrix} = \begin{pmatrix} -3 \\ 1 \\ 2 \end{pmatrix} + \begin{pmatrix} 8 \\ -2 \\ -8 \end{pmatrix} = \begin{pmatrix} 5 \\ -1 \\ -6 \end{pmatrix}$$

M′(5/−1/−6)

(**Alternative:** M′ läßt sich auch über die eben behandelte Mittelpunktsformel bestimmen, da Z ja der Mittelpunkt der Strecke $\overline{MM'}$ ist:

$$\vec{z} = \frac{1}{2}(\vec{m} + \overrightarrow{m'}) \Rightarrow 2\vec{z} = \vec{m} + \overrightarrow{m'} \Rightarrow \overrightarrow{m'} = 2\vec{z} - \vec{m};$$

einsetzen von $\vec{z}$ und $\vec{m}$ liefert wie eben $\overrightarrow{m'}$.)

④ *Zentrische Streckung*

Das Dreieck A(1/−2) B(3/1) C(−1/4) wird vom Punkt Z(−1/−1) aus zentrisch um den Faktor k = 2,5 gestreckt. Welche Koordinaten besitzen die Eckpunkte des Bilddreiecks A′B′C′?

$$\overrightarrow{a'} = \vec{z} + 2{,}5\,\overrightarrow{ZA}$$

$$\overrightarrow{a'} = \begin{pmatrix} -1 \\ -1 \end{pmatrix} + 2{,}5\left[\begin{pmatrix} 1 \\ -2 \end{pmatrix} - \begin{pmatrix} -1 \\ -1 \end{pmatrix}\right]$$

$$\overrightarrow{a'} = \begin{pmatrix} -1 \\ -1 \end{pmatrix} + 2{,}5\begin{pmatrix} 2 \\ -1 \end{pmatrix}$$

$$\overrightarrow{a'} = \begin{pmatrix} -1 \\ -1 \end{pmatrix} + \begin{pmatrix} 5 \\ -2{,}5 \end{pmatrix}$$

$$\overrightarrow{a'} = \begin{pmatrix} 4 \\ -3{,}5 \end{pmatrix} \qquad A'(4/-3{,}5)$$

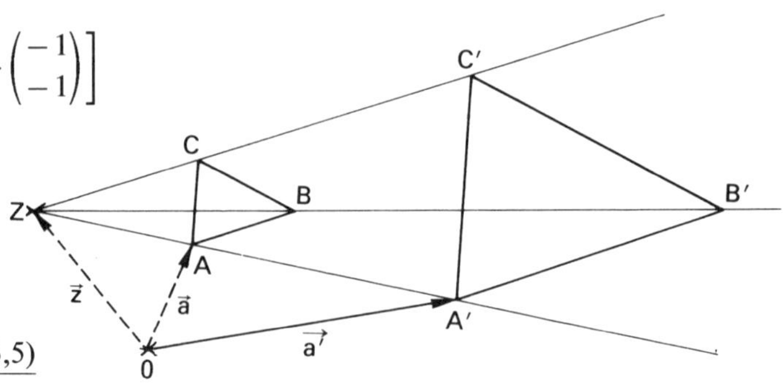

Auf dieselbe Art lassen sich die Ecken B′(9/4) und C′(−1/11,5) berechnen.

⑤ *Schwerpunkt eines Dreiecks*

Berechnen Sie allgemein den Schwerpunkt des Dreiecks A($\vec{a}$) B($\vec{b}$) C($\vec{c}$).

$\overrightarrow{0M} = \frac{1}{2}(\vec{b}+\vec{c})$ (Mittelpunkt!)

$\overrightarrow{AM} = \overrightarrow{0M} - \overrightarrow{0A} = \frac{1}{2}\vec{b} + \frac{1}{2}\vec{c} - \vec{a}$

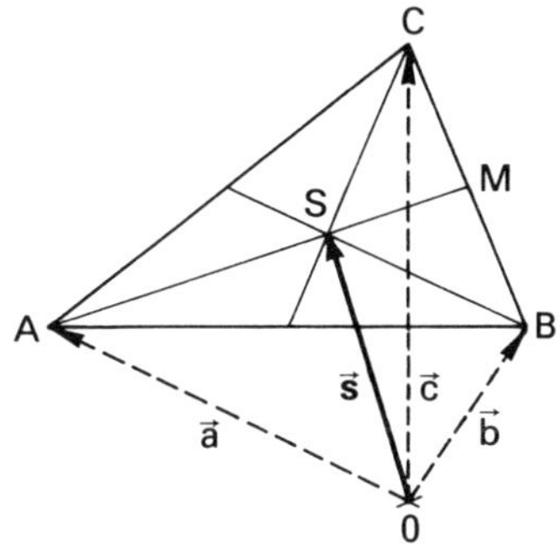

Der Schwerpunkt S teilt bekanntlich jede Schwerlinie im Verhältnis 2:1:

$$\overrightarrow{AS} = \frac{2}{3}\overrightarrow{AM} = \frac{2}{3}\left(-\vec{a} + \frac{1}{2}\vec{b} + \frac{1}{2}\vec{c}\right)$$

$$= -\frac{2}{3}\vec{a} + \frac{1}{3}\vec{b} + \frac{1}{3}\vec{c}$$

$$\vec{s} = \overrightarrow{0A} + \overrightarrow{AS} = \vec{a} + \left(-\frac{2}{3}\vec{a} + \frac{1}{3}\vec{b} + \frac{1}{3}\vec{c}\right)$$

$$= \frac{1}{3}\vec{a} + \frac{1}{3}\vec{b} + \frac{1}{3}\vec{c}$$

Schwerpunkt des Dreiecks A($\vec{a}$) B($\vec{b}$) C($\vec{c}$): $\vec{s} = \frac{1}{3}(\vec{a}+\vec{b}+\vec{c})$

Aufgaben:

1. Welche der Vektoren $\vec{a} = \begin{pmatrix} 6 \\ -3 \\ 12 \end{pmatrix}$, $\vec{b} = \begin{pmatrix} 2 \\ -1 \end{pmatrix}$, $\vec{c} = \begin{pmatrix} 12 \\ 6 \\ -24 \end{pmatrix}$, $\vec{d} = \begin{pmatrix} -1 \\ 0{,}5 \end{pmatrix}$, $\vec{e} = \begin{pmatrix} -4 \\ 2 \\ -8 \end{pmatrix}$ sind kollinear?

2. Bestimmen Sie die fehlenden Komponenten so, daß $\vec{u}$ und $\vec{v}$ kollinear werden:

   (a) $\vec{u} = \begin{pmatrix} -4 \\ 2 \end{pmatrix}$, $\vec{v} = \begin{pmatrix} v_1 \\ -1 \end{pmatrix}$ (b) $\vec{u} = \begin{pmatrix} 2/3 \\ u_2 \end{pmatrix}$, $\vec{v} = \begin{pmatrix} -3/4 \\ 4/5 \end{pmatrix}$

   (c) $\vec{u} = \begin{pmatrix} 4 \\ -2 \\ u_3 \end{pmatrix}$, $\vec{v} = \begin{pmatrix} v_1 \\ 3 \\ -9 \end{pmatrix}$ (d) $\vec{u} = \begin{pmatrix} 4 \\ -2 \\ u_3 \end{pmatrix}$, $\vec{v} = \begin{pmatrix} v_1 \\ 0 \\ -9 \end{pmatrix}$

3. Welche Koordinaten haben die Mittelpunkte der Seiten und der Schwerpunkt der Dreiecke

   (a) A(−4/−3) B(3/−3) C(1/9) (b) A(4/−3/7) B(−3/9/−4) C(2/0/6)?

4. Bestimmen Sie im Dreieck ABC die Koordinaten der fehlenden Ecken und des Schwerpunkts, wenn
   (a) $M_a(3{,}5/0{,}5)$, $M_c(1/-1)$, $A(-1/2)$
   (b) $M_b(-8/5{,}5)$, $M_c(-3/2)$, $S(-5/4)$ ist.

5. Bei einer Punktspiegelung wird der Punkt $P(-4/3/9)$ auf $P'(6/5/-13)$ abgebildet.
   (a) Welche Koordinaten besitzt das Zentrum der Spiegelung?
   (b) Spiegeln Sie die Strecke $\overline{PQ}$ mit $Q(3/4/-7)$ und zeigen Sie, daß Strecke und Bildstrecke parallel und gleich lang sind.

6. Strecken Sie das Dreieck $A(-3/-2)\,B(4/1)\,C(0/5)$ zentrisch
   (a) um $Z(0/0)$ mit $k=2$ (b) um $Z=A$ mit $k=-2$

7. Zeigen Sie, daß die Seitenmitten eines beliebigen Vierecks ABCD immer ein Parallelogramm bilden.

8. Zeigen Sie, daß die Verbindungsstrecke zweier Seitenmitten eines Dreiecks zur dritten Seite parallel und halb so lang wie diese ist.

9. Welche allgemeine Abbildungsgleichung besitzt eine zentrische Streckung um $Z(\vec{z})$ mit dem Faktor $k \in \mathbb{R}\setminus\{0\}$?

1.5 Lineare (Un-)Abhängigkeit

In diesem Abschnitt geht es um die Frage, ob und unter welchen Umständen man einen beliebigen Vektor durch einen oder mehrere vorgegebene Vektoren ausdrücken kann; ist dies möglich, so bezeichnet man die Vektoren als **linear abhängig,** ansonsten sind sie **linear unabhängig.** Wir wollen die im $\mathbb{R}^3$ möglichen Fälle nacheinander durchgehen; die einfachste Möglichkeit ist:

a) 2 Vektoren, d.h. wann läßt sich ein Vektor durch einen anderen ausdrücken? Dies ist, wie wir bereits in (1.4.d) gesehen haben, genau dann der Fall, wenn der eine Vektor ein Vielfaches des anderen ist, die beiden Vektoren also kollinear sind: $\vec{e}_2 = k \cdot \vec{e}_1$ für ein $k \in \mathbb{R}$.

2 Vektoren sind genau dann linear abhängig, wenn sie kollinear sind.

(Beispiele siehe (1.4.d))

b) 3 Vektoren, d.h. wann läßt sich ein Vektor durch 2 vorgegebene Vektoren ausdrücken?

Der zu a) entsprechende Ansatz lautet $\vec{e}_3 = k_1 \cdot \vec{e}_1 + k_2 \cdot \vec{e}_2$ ($\vec{e}_1$, $\vec{e}_2$ nicht kollinear); zwei um die Faktoren k_1 und k_2 verlängerte Vektorrepräsentanten von $\vec{e}_1$ und $\vec{e}_2$ bilden mit einem Repräsentanten von $\vec{e}_3$ zusammen also ein Dreieck (siehe (1.3.b)), was nur möglich ist, wenn sich die 3 Repräsentanten in eine Ebene legen lassen – man nennt diese Lage der 3 Vektoren auch (bei besonderer Betonung des geometrischen Zusammenhangs) **komplanar.**

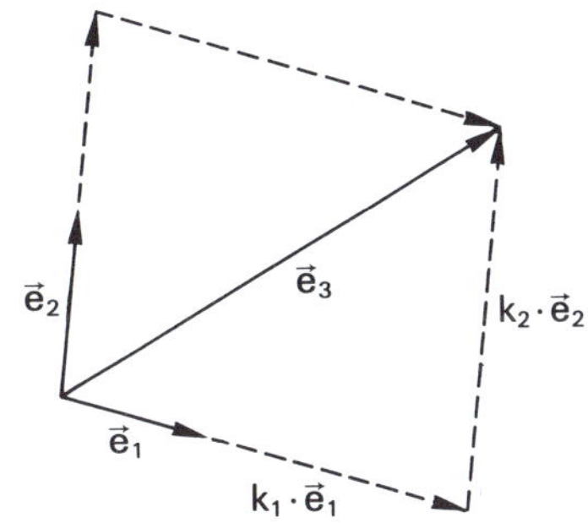

3 Vektoren sind genau dann linear abhängig, wenn sie komplanar sind.

(3 zweikomponentige Vektoren (aus einer Koordinatenebene) sind also automatisch immer linear abhängig!)

Bei der rechnerischen Prüfung versieht man aus Zweckmäßigkeitsgründen (um auch den Fall $\vec{e}_1 = k \cdot \vec{e}_2$ mit zu erfassen) auch den Vektor $\vec{e}_3$ mit einem Faktor k_3 und prüft, ob die Vektorkette $k_1\vec{e}_1 + k_2\vec{e}_2 + k_3\vec{e}_3$ geschlossen (d.h. $=\vec{0}$) ist für irgendeine Kombination der k_i, wobei nicht alle k_i gleichzeitig Null sein dürfen (damit sich ein echtes Dreieck ergibt!). Also:

$\vec{e}_1$, $\vec{e}_2$, $\vec{e}_3$ sind linear abhängig $\Leftrightarrow$ $k_1\vec{e}_1 + k_2\vec{e}_2 + k_3\vec{e}_3 = \vec{0}$ für $(k_1/k_2/k_3) \neq (0/0/0)$
Sie sind linear unabhängig, wenn sich $k_1 = k_2 = k_3 = 0$ ergibt.

Beispiele:

1. Die Vektoren $\vec{a} = \begin{pmatrix} 0 \\ 2 \\ 5 \end{pmatrix}$, $\vec{b} = \begin{pmatrix} 2 \\ -2 \\ 1 \end{pmatrix}$, $\vec{c} = \begin{pmatrix} 3 \\ -2 \\ 4 \end{pmatrix}$ sind komplanar, denn aus dem Ansatz $k\vec{a} + m\vec{b} + n\vec{c} = \vec{0}$ ergibt sich:

$$k\begin{pmatrix} 0 \\ 2 \\ 5 \end{pmatrix} + m\begin{pmatrix} 2 \\ -2 \\ 1 \end{pmatrix} + n\begin{pmatrix} 3 \\ -2 \\ 4 \end{pmatrix} = \begin{pmatrix} 0 \\ 0 \\ 0 \end{pmatrix}$$ (Auflösen in die einzelnen Komponenten)

$$\begin{cases} 2m + 3n = 0 \\ 2k - 2m - 2n = 0 \\ 5k + m + 4n = 0 \end{cases}$$

$$\begin{array}{ll} (1)+(2) & \left\{\begin{array}{l} 2k \quad + \; n=0 \\ 6k \quad +3n=0 \end{array}\right\} \; n=-2k \qquad \text{in (3)} \qquad m=3k \\ \tfrac{1}{2}(2)+(3) & \end{array}$$

$$\underline{\mathbb{L}=\{(k/3k/-2k)\}}$$

Es gibt also unendlich viele geschlossene Vektorketten, z. B. $\vec{a}+3\vec{b}-2\vec{c}=\vec{0}$ (für $k=1$), $-2\vec{a}-6\vec{b}+4\vec{c}=\vec{0}$ (für $k=-2$) usw. (die alle durch zentrische Streckung auseinander hervorgehen); jede derartige Kette aus drei Vektorrepräsentanten verläuft dabei innerhalb einer Ebene, die 3 Vektoren sind **komplanar.**

2. Ändert man $\vec{a}$ um in $\vec{a}=\begin{pmatrix}0\\2\\3\end{pmatrix}$, so ergibt dieselbe Rechnung schließlich

$$\begin{array}{l} \left\{\begin{array}{l} 2k \quad + \; n=0 \quad |\cdot(-2) \\ 4k \quad +3n=0 \end{array}\right. \\ + \overline{} \\ \qquad n=0 \Rightarrow k=0 \qquad \text{in (1)} \qquad m=0 \end{array}$$

$$\underline{\mathbb{L}=\{(0/0/0)\}}$$

Die Vektorkette besteht also aus 3 Nullvektoren $(0\vec{a}+0\vec{b}+0\vec{c}=\vec{0})$ und schrumpft damit zu einem Punkt zusammen; eine „echte“ Vektorkette („mit Ausdehnung“) gibt es also nicht. Je drei Repräsentanten der Vektoren $\vec{a}$, $\vec{b}$ und $\vec{c}$ lassen sich daher nicht innerhalb einer Ebene unterbringen, die 3 Vektoren $\vec{a}$, $\vec{b}$, $\vec{c}$ sind also **linear unabhängig.**

3. Die 3 Vektoren $\vec{a}=\begin{pmatrix}a_1\\a_2\end{pmatrix}$, $\vec{b}=\begin{pmatrix}b_1\\b_2\end{pmatrix}$, $\vec{c}=\begin{pmatrix}c_1\\c_2\end{pmatrix}$ im $\mathbb{R}^2$ sind immer linear abhängig (wie Sie durch Nachrechnen bestätigen können):

Im $\mathbb{R}^2$ sind maximal 2 Vektoren linear unabhängig.

c) 4 Vektoren im $\mathbb{R}^3$ sind immer linear abhängig (im $\mathbb{R}^2$ natürlich ebenfalls), wie man sich am Gleichungssystem überlegen kann: der Ansatz $k_1\vec{e}_1+k_2\vec{e}_2+k_3\vec{e}_3+k_4\vec{e}_4=\vec{0}$ liefert, in die 3 Komponenten zerlegt, 3 Gleichungen mit 4 Variablen - ein unterbestimmtes Gleichungssystem, das immer unendlich viele Lösungen besitzt. Es gilt also:

Im $\mathbb{R}^3$ sind maximal 3 Vektoren linear unabhängig.

d) Die Maximalzahl n der linear unabhängigen Vektoren eines Vektorraums bezeichnet man als die **Dimension** des Vektorraums; bei $n=1$ wird also eine „Gerade“, für $n=2$ eine „Ebene“ und für $n=3$ der „Anschauungsraum“ aufgespannt.

n Vektoren $\vec{e}_1, \vec{e}_2, \ldots, \vec{e}_n$ sind genau dann linear unabhängig, wenn sich aus $k_1\vec{e}_1 + k_2\vec{e}_2 + \ldots + k_n\vec{e}_n = \vec{0}$ die einzige Lösung $\mathbb{L} = \{(0/0/\ldots/0)\}$ ergibt.

Gibt man n linear unabhängige Vektoren vor, so erzeugt man damit einen Vektorraum der Dimension n; die vorgegebenen linear unabhängigen Vektoren heißen **Basisvektoren** (oder kurz eine **Basis**) des Vektorraums. Jeder weitere Vektor $\vec{a}$ innerhalb dieses Vektorraums ist dann eindeutig durch eine Linearkombination $\vec{a} = k_1\vec{e}_1 + \ldots + k_n\vec{e}_n$ der Basisvektoren $\vec{e}_i$ darstellbar.

Beispiel:

Die beiden linear unabhängigen Vektoren $\vec{e}_1$ und $\vec{e}_2$ spannen eine Ebene auf; jeder weitere Vektor innerhalb der Ebene ist dann eindeutig in der Form $k_1\vec{e}_1 + k_2\vec{e}_2$ darstellbar, z. B. $\vec{a} = \vec{e}_1 - \vec{e}_2$, $\vec{b} = 2\vec{e}_1 + \vec{e}_2 \ldots$

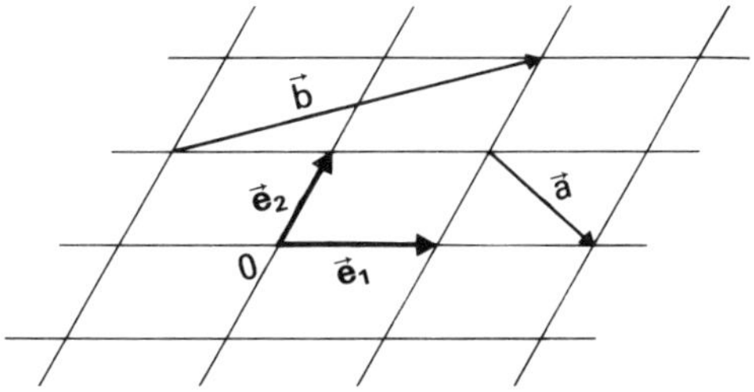

Die Basis kann man nun ganz leicht zur Definition eines (eventuell auch schiefwinkligen) Koordinatensystems verwenden, wie es die obige Zeichnung veranschaulicht; um nicht die Basis jedesmal mitschreiben zu müssen, kürzt man z. B. $\vec{a} = 1 \cdot \vec{e}_1 + (-1) \cdot \vec{e}_2$ ab zu $\vec{a} = \begin{pmatrix} 1 \\ -1 \end{pmatrix}$, $\vec{b} = 2\vec{e}_1 + \vec{e}_2$ zu $\vec{b} = \begin{pmatrix} 2 \\ 1 \end{pmatrix}$ und kommt damit zu der Komponentendefinition, mit der wir bereits von Anfang an arbeiten.

(Die Basisvektoren haben dabei die Darstellung $\vec{e}_1 = \begin{pmatrix} 1 \\ 0 \end{pmatrix}$, $\vec{e}_2 = \begin{pmatrix} 0 \\ 1 \end{pmatrix}$ im $\mathbb{R}^2$ bzw. $\vec{e}_1 = \begin{pmatrix} 1 \\ 0 \\ 0 \end{pmatrix}$, $\vec{e}_2 = \begin{pmatrix} 0 \\ 1 \\ 0 \end{pmatrix}$, $\vec{e}_3 = \begin{pmatrix} 0 \\ 0 \\ 1 \end{pmatrix}$ im $\mathbb{R}^3$.)

e) Beispiel:

Zeigen Sie, daß die Vektoren $\vec{e}_1 = \begin{pmatrix} 2 \\ 0 \\ -1 \end{pmatrix}$, $\vec{e}_2 = \begin{pmatrix} 0 \\ 3 \\ 2 \end{pmatrix}$, $\vec{e}_3 = \begin{pmatrix} -3 \\ 4 \\ 2 \end{pmatrix}$ eine Basis des $\mathbb{R}^3$ bilden; welche Darstellung besitzt der Vektor $\vec{a} = \begin{pmatrix} -5 \\ 9 \\ 2 \end{pmatrix}$ bezüglich dieser Basis?

(α) Die Dimension des $\mathbb{R}^3$ ist $n = 3$; also werden $n = 3$ Basisvektoren benötigt!

(β) $\{\vec{e}_1, \vec{e}_2, \vec{e}_3\}$ sind linear unabhängig:

$$k\begin{pmatrix}2\\0\\-1\end{pmatrix}+m\begin{pmatrix}0\\3\\2\end{pmatrix}+n\begin{pmatrix}-3\\4\\2\end{pmatrix}=\vec{0}$$

$$\left\{\begin{array}{l|l} 2k \qquad -3n=0 & k=\frac{3}{2}n \qquad\qquad\qquad\qquad\qquad\qquad k=0 \\ \qquad 3m+4n=0 & m=-\frac{4}{3}n \Downarrow \qquad\qquad\qquad\qquad \Uparrow m=0 \\ -k+2m+2n=0 & \qquad -\frac{3}{2}n-\frac{8}{3}n+2n=0 \Rightarrow n=0 \end{array}\right.$$

$$\mathbb{L}=\{(0/0/0)\}$$

(α), (β) $\mapsto$ „Basis“!

(γ) Der Ansatz $\begin{pmatrix}-5\\9\\2\end{pmatrix}=k\begin{pmatrix}2\\0\\-1\end{pmatrix}+m\begin{pmatrix}0\\3\\2\end{pmatrix}+n\begin{pmatrix}-3\\4\\2\end{pmatrix}$ liefert ganz analog $k=2$, $m=-1$, $n=3$ (rechnen Sie selbst nach!); es ist also $\vec{a}=2\vec{e}_1-\vec{e}_2+3\vec{e}_3$.

Aufgaben:

1. Untersuchen Sie, ob die folgenden Vektoren eine Basis des $\mathbb{R}^2/\mathbb{R}^3$ bilden:

(a) $\left\{\begin{pmatrix}7\\3\end{pmatrix}, \begin{pmatrix}2\\-1\end{pmatrix}\right\}$ (b) $\left\{\begin{pmatrix}-2\\1\end{pmatrix}, \begin{pmatrix}4\\-2\end{pmatrix}\right\}$

(c) $\left\{\begin{pmatrix}3\\1\\0\end{pmatrix}, \begin{pmatrix}-2\\2\\0\end{pmatrix}, \begin{pmatrix}0\\1\\0\end{pmatrix}\right\}$ (d) $\left\{\begin{pmatrix}1\\0\\0\end{pmatrix}, \begin{pmatrix}0\\1\\0\end{pmatrix}, \begin{pmatrix}0\\0\\2\end{pmatrix}\right\}$

(e) $\left\{\begin{pmatrix}-2\\3\\1\end{pmatrix}, \begin{pmatrix}1\\-1\\-1\end{pmatrix}, \begin{pmatrix}-1\\3\\-1\end{pmatrix}\right\}$ (f) $\left\{\begin{pmatrix}4\\1\\-1\end{pmatrix}, \begin{pmatrix}-2\\3\\0\end{pmatrix}, \begin{pmatrix}3\\4\\1\end{pmatrix}\right\}$

2. Drücken Sie die Vektoren $\vec{a}=\begin{pmatrix}17\\-3\\-1\end{pmatrix}$ und $\vec{b}=\begin{pmatrix}-2\\6\\4\end{pmatrix}$ durch die Basen in

(a) 1.(d) (b) 1.(f) aus.

3. Ist das Viereck $A(-3/4/1)\,B(-1/2/5)\,C(2/5/-1)\,D(7/1/-2)$ eben?

4. Eine Menge von (nicht unbedingt linear unabhängigen) Vektoren, die einen Vektorraum erzeugt, heißt ein **Erzeugendensystem** des Vektorraums. Zeigen Sie am Beispiel des $\mathbb{R}^2$:

   (a) $\left\{\begin{pmatrix}1\\0\end{pmatrix}, \begin{pmatrix}0\\2\end{pmatrix}, \begin{pmatrix}2\\1\end{pmatrix}\right\}$ ist ein Erzeugendensystem des $\mathbb{R}^2$, d.h. jeder Vektor $\vec{a} = \begin{pmatrix}a_1\\a_2\end{pmatrix}$ des $\mathbb{R}^2$ kann als Linearkombination dieser 3 Vektoren dargestellt werden.

   (b) Untersuchen Sie, ob die Darstellung eines Vektors eindeutig ist.

   (c) Ist das Erzeugendensystem linear unabhängig?

   (d) Untersuchen Sie die Fragen (a) bis (c) auch an dem Erzeugendensystem $\left\{\begin{pmatrix}1\\0\end{pmatrix}, \begin{pmatrix}2\\1\end{pmatrix}\right\}$.

5. Untersuchen Sie im Vektorraum aller Polynome vom Grad ≤ 3 die Fragen aus 4.(a) bis 4.(c) analog für die Erzeugendensysteme

   (a) E_1: $\{1-x,\ x^2-1,\ x^3\}$ (b) E_2: $\{1,\ 2x-1,\ x^2+x,\ x^3\}$

   (c) E_3: $\{2+x^3,\ 1+x,\ 1,\ 1+x^2+x^3,\ 1+x+x^2\}$

   (Kürzen Sie dabei das Polynom $a(x) = a_0 + a_1 x + a_2 x^2 + a_3 x^3$ durch $\vec{a} = \begin{pmatrix}a_0\\a_1\\a_2\\a_3\end{pmatrix}$ ab!)

1.6 Teilung einer Strecke

a) Die Formel für den Mittelpunkt einer Strecke haben wir in (1.4.e.2) bereits besprochen; wir wollen diese Formel nun für ein beliebiges Teilverhältnis τ erweitern:

Das Teilverhältnis ist üblicherweise definiert als das Verhältnis der beiden Teilstrecken $\tau = \frac{\overline{AT}}{\overline{TB}}$; vektoriell ist diese Form der Definition unbrauchbar, weil eine Division von Vektoren nicht definiert ist.

Nach der Multiplikation mit $\overline{TB}$ ($\tau \cdot \overline{TB} = \overline{AT}$) kann man aber vektoriell ansetzen:

$\tau \cdot \overrightarrow{TB} = \overrightarrow{AT} \Rightarrow \tau \cdot (\vec{b} - \vec{t}) = \vec{t} - \vec{a}$

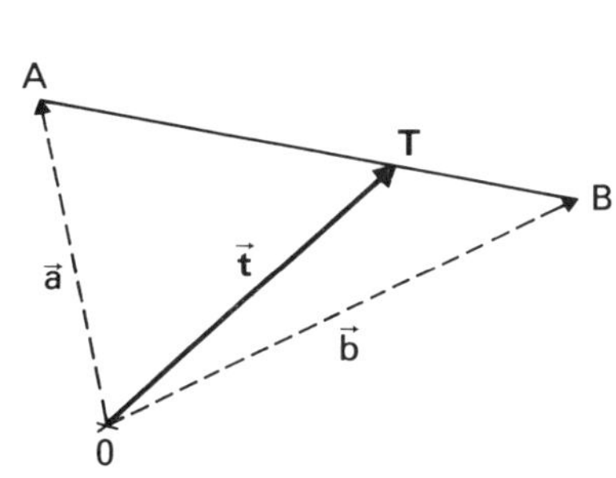

Nach $\vec{t}$ aufgelöst ergibt sich dann:

Teilungspunkt $T(\vec{t})$ der Strecke $\overline{A(\vec{a})B(\vec{b})}$ im Teilverhältnis

$$\tau = \frac{\overline{AT}}{\overline{TB}}: \quad \vec{t} = \frac{\vec{a} + \tau\vec{b}}{1+\tau} \quad (\tau \neq -1)$$

Achtung:

1. Die Formel ist bezüglich der Ortsvektoren $\vec{a}$ und $\vec{b}$ **nicht symmetrisch:** die Teilung der Strecke $\overline{AB}$ im Verhältnis $\tau = \frac{2}{1}$ ist identisch mit der Teilung der Strecke $\overline{BA}$ im Verhältnis $\tau = \frac{1}{2}$ (siehe Zeichnung!).

2. Für einen **inneren** Teilungspunkt der Strecke $\overline{AB}$ ist $\boldsymbol{\tau > 0}$ ($\overrightarrow{AT}$ und $\overrightarrow{TB}$ haben dieselbe Orientierung!); $\boldsymbol{\tau < 0}$ ergibt sich, wenn T auf der Geraden durch A und B **außerhalb** der Strecke $\overline{AB}$ liegt – genauer:

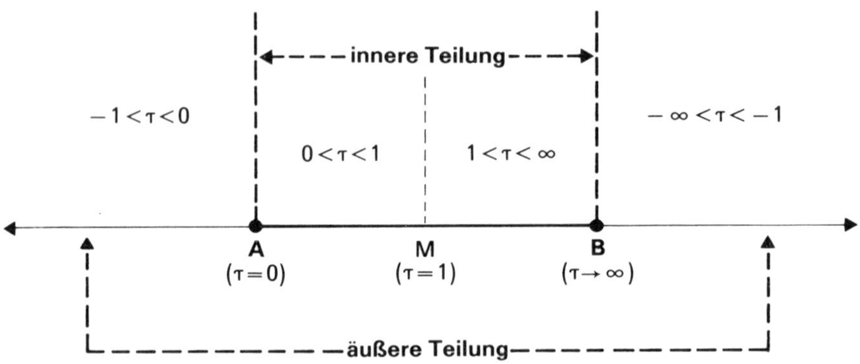

b) Beispiele:

① Wir wollen nochmals den Schwerpunkt eines Dreiecks berechnen; vergleichen Sie mit der Zeichnung in (1.4.e.5).

$\overrightarrow{0M} = \frac{1}{2}(\vec{b} + \vec{c})$ $\qquad$ $\overline{AM}$ wird nun im Verhältnis $\tau = \frac{2}{1} = 2$ geteilt:

$$\overrightarrow{0S} = \frac{\vec{a} + 2\left[\frac{1}{2}(\vec{b} + \vec{c})\right]}{1+2} = \frac{1}{3}(\vec{a} + \vec{b} + \vec{c})$$

② *Teilungspunkt berechnen*
Teilen Sie die Strecke $\overline{AB}$ mit $A(-3/-1/4)$ und $B(3/2/1)$ innen und außen („harmonisch") im Verhältnis $|\tau| = 1:2$.

(α) innen $\left(\tau = \frac{1}{2}\right)$: $\vec{t}_i = \dfrac{\begin{pmatrix}-3\\-1\\4\end{pmatrix} + \frac{1}{2}\begin{pmatrix}3\\2\\1\end{pmatrix}}{1+\frac{1}{2}} = \frac{2}{3}\begin{pmatrix}-1{,}5\\0\\4{,}5\end{pmatrix} = \begin{pmatrix}-1\\0\\3\end{pmatrix}$ $\underline{T_i(-1/0/3)}$

(β) außen $\left(\tau = -\frac{1}{2}\right)$: $\vec{t}_a = \dfrac{\begin{pmatrix}-3\\-1\\4\end{pmatrix} - \frac{1}{2}\begin{pmatrix}3\\2\\1\end{pmatrix}}{1-\frac{1}{2}} = 2\begin{pmatrix}-4{,}5\\-2\\3{,}5\end{pmatrix} = \begin{pmatrix}-9\\-4\\7\end{pmatrix}$ $\underline{T_a(-9/-4/7)}$

③ *Teilverhältnis berechnen*

In welchem Teilverhältnis teilen die Punkte A und B die Strecke $\overline{T_iT_a}$?

(α) A: $\begin{pmatrix}-3\\-1\\4\end{pmatrix} = \dfrac{\begin{pmatrix}-1\\0\\3\end{pmatrix} + \tau\begin{pmatrix}-9\\-4\\7\end{pmatrix}}{1+\tau}$

$$(1+\tau)\begin{pmatrix}-3\\-1\\4\end{pmatrix} = \begin{pmatrix}-1\\0\\3\end{pmatrix} + \tau\begin{pmatrix}-9\\-4\\7\end{pmatrix}$$

$$\begin{pmatrix}-3-3\tau\\-1-\tau\\4+4\tau\end{pmatrix} = \begin{pmatrix}-1-9\tau\\0-4\tau\\3+7\tau\end{pmatrix}$$

$$\left\{\begin{array}{rcl|l} -3-3\tau &=& -1-9\tau & \tau = \frac{1}{3} \\ -1-\tau &=& -4\tau & \tau = \frac{1}{3} \\ 4+4\tau &=& 3+7\tau & \tau = \frac{1}{3} \end{array}\right.$$

A liegt also auf $\overline{T_iT_a}$ (alle 3 τ-Werte stimmen überein!); wegen $\tau > 0$ liegt A im Inneren der Strecke $\overline{T_iT_a}$ (näher an T_i).

(β) B: Der Ansatz $\begin{pmatrix}3\\2\\1\end{pmatrix} = \dfrac{\begin{pmatrix}-1\\0\\3\end{pmatrix} + \tau\begin{pmatrix}-9\\-4\\7\end{pmatrix}}{1+\tau}$ liefert ganz analog das Teilverhältnis $\tau = -\frac{1}{3}$ in allen 3 Komponenten; der Punkt B teilt die Strecke $\overline{T_iT_a}$ also außen im Verhältnis 1:3, er liegt außerhalb $\overline{T_iT_a}$ über A hinaus.

④ Teilen Sie die Strecke $\overline{AB}$ mit A(4/−3) und B(−1/7) in 5 gleiche Teile.

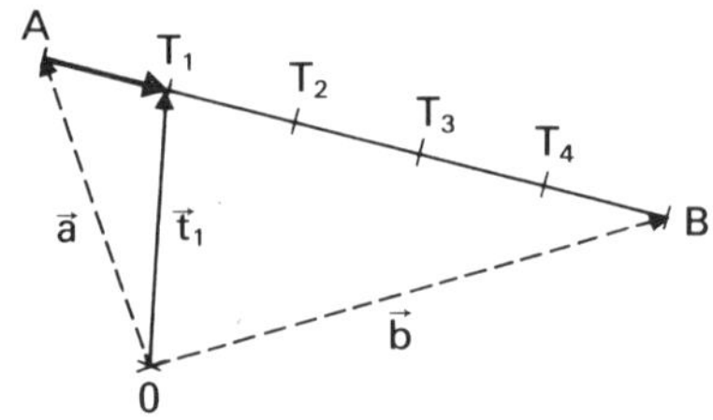

Der umständlichste Weg würde darin bestehen, die 4 Teilungspunkte mit 4 verschiedenen Teilverhältnissen (nämlich $\frac{1}{4}, \frac{2}{3}, \frac{3}{2}, \frac{4}{1}$) auszurechnen. Es geht schneller, wenn Sie nur T_1 berechnen:

$$\vec{t}_1 = \frac{\begin{pmatrix}4\\-3\end{pmatrix} + \frac{1}{4}\begin{pmatrix}-1\\7\end{pmatrix}}{1+\frac{1}{4}} = \frac{4}{5}\begin{pmatrix}3{,}75\\-1{,}25\end{pmatrix} = \begin{pmatrix}3\\-1\end{pmatrix} \Rightarrow \underline{T_1(3/-1)}$$ und dann die restlichen Teilungspunkte über eine Vektorkette $\left(\overrightarrow{AT_1} = \vec{t}_1 - \vec{a} = \begin{pmatrix}-1\\2\end{pmatrix};\ \vec{t}_2 = \vec{t}_1 + \overrightarrow{AT_1},\ \vec{t}_3 = \vec{t}_2 + \overrightarrow{AT_1},\ \vec{t}_4 = \vec{t}_3 + \overrightarrow{AT_1}\right)$ oder noch besser über die Mittelpunktsformel (1.4.e.2) bestimmen:

T_3 ist der Mittelpunkt von $\overline{T_1B}$, also $\vec{t}_3 = \frac{1}{2}\left[\begin{pmatrix}3\\-1\end{pmatrix} + \begin{pmatrix}-1\\7\end{pmatrix}\right] = \begin{pmatrix}1\\3\end{pmatrix} \Rightarrow \underline{T_3(1/3)}$;

T_2 und T_4 sind dann die Mittelpunkte von $\overline{T_1T_3}$ bzw. $\overline{T_3B}$: $\underline{T_2(2/1)}$, $\underline{T_4(0/5)}$.

Aufgaben:

1. Teilen Sie die Strecke $\overline{AB}$ mit A(5/4/−5) und B(−7/−2/7) harmonisch im Verhältnis

   (a) $|\tau| = \frac{1}{2}$ (b) $|\tau| = \frac{2}{1}$ (c) $|\tau| = \frac{5}{1}$ (d) $|\tau| = \frac{1}{5}$

2. In welchem Verhältnis teilen die folgenden Punkte P die Strecke $\overline{AB}$ mit A(−3/6/−4) und B(4/−8/10)?

   (a) P(0/0/2) (b) P(−6/12/−10)

(c) $P(0{,}5/-1/3)$ (d) $P(2{,}5/-5/-7)$
(e) $P(6/-12/14)$ (f) $P(2/-4/6)$

3. Teilen Sie die Strecke $\overline{AB}$ (aus 2.) in 7 gleiche Teile.

4. Teilen Sie das Dreieck $A(-4/-2)B(5/-5)C(2/7)$ in drei flächengleiche Teile.

5. Gegeben ist das Viereck $A(-2/-2)B(10/2)C(7/4)D(1/2)$; die Mittelpunkte der Seiten $\overline{AB}$ und $\overline{CD}$ heißen M_1 und M_2.
   (a) Zeigen Sie, daß das Viereck ein Trapez ist; in welchem Längenverhältnis stehen die beiden parallelen Seiten zueinander?
   (b) Berechnen Sie den Schnittpunkt S der beiden Trapezdiagonalen.
   (c) Berechnen Sie die Koordinaten von M_1 und M_2 und zeigen Sie, daß die Strecke $\overline{M_1M_2}$ durch S im selben Verhältnis wie die Diagonalen geteilt wird.
   (d) Welche Koordinaten hat der 4. harmonische Punkt T (bezüglich $\overline{M_1M_2}$ und S)?
   (e) Zeigen Sie, daß der Punkt T auf den Verlängerungen von $\overline{AD}$ und $\overline{BC}$ liegt; in welchem Verhältnis teilt T diese beiden Strecken?
   (f) Welchen bekannten Satz (aus der Dreieckslehre) haben Sie damit an diesem Beispiel nachgewiesen?

6. Gegeben ist ein Tetraeder $A(1/-1/-2)B(5/-2/2)C(3/3/6)D(-5/8/10)$.
   (a) Weisen Sie an diesem Beispiel den (allgemein gültigen) Satz nach, daß alle 4 Raumschwerlinien eines Tetraeders (sie gehen von einer Ecke des Tetraeders zum Schwerpunkt des gegenüberliegenden Seitendreiecks) sich in einem Punkt S (dem „Schwerpunkt“) schneiden, wobei der Punkt S jede Raumschwerlinie im Verhältnis 3:1 teilt.
   (b) Entwickeln Sie eine Formel zur Berechnung des Schwerpunktes $S(\vec{s})$ eines Tetraeders mit den Eckpunkten $A(\vec{a})$, $B(\vec{b})$, $C(\vec{c})$ und $D(\vec{d})$. (Benutzen Sie dazu den Satz aus (a)!) Überprüfen Sie mit dieser Formel Ihre Rechnung aus (a).

2. Gerade und Ebene in Parameterform

2.1 Gleichungssysteme (Wiederholung)

An einigen Stellen des vorigen Kapitels kamen Gleichungssysteme vor; da sie das wichtigste Rechenhilfsmittel in der analytischen Geometrie sind, wollen wir sie ganz kurz als Einschub in den wesentlichsten Stichpunkten an Beispielen wiederholen. Sollte diese Wiederholung Ihnen nicht ausführlich genug sein, lesen Sie bitte die entsprechenden Passagen in Ihrem Lehrbuch bzw. in einem Buch über Gleichungslehre noch zusätzlich nach.

a) 2 Gleichungen mit 2 Variablen:

① *Gleichsetzverfahren*

$$\begin{cases} 4a+3b=6 \\ 5a+2b=11 \end{cases}$$

$$\begin{cases} b=\dfrac{6-4a}{3} \\ b=\dfrac{11-5a}{2} \end{cases}$$

Auflösen beider Gleichungen nach derselben Variablen (hier: nach b)

$$\frac{6-4a}{3}=\frac{11-5a}{2} \quad |\cdot 6$$

Gleichsetzen der beiden Auflösungsterme

$$12-8a=33-15a$$

$$7a=21; \quad a=3$$

Berechnen der verbliebenen Variablen

$$b=\frac{6-4\cdot 3}{3}; \quad b=-2$$

Einsetzen des Ergebnisses in einen der beiden Auflösungsterme

$$\mathbb{L}=\{(3/-2)\}$$

② *Einsetzverfahren*

$$\begin{cases} 4a+3b=6 \\ 5a+2b=11 \end{cases}$$

$$\begin{cases} 4a+3b=6 \\ b=\dfrac{11-5a}{2} \end{cases}$$

Auflösen einer Gleichung nach einer Variablen (hier: 2. Gleichung nach b)

$$4a+3\cdot\frac{11-5a}{2}=6 \quad |\cdot 2$$

Einsetzen dieses Terms in die andere Gleichung

$8a+33-15a=12$ $-7a=-21$ $a=3$	Berechnen der verbliebenen Variablen
$b=\frac{11-5\cdot 3}{2}$ $b=-2$	Einsetzen des Ergebnisses in den Auflösungsterm

$\underline{\mathbb{L}=\{(3/-2)\}}$

③ *Additionsverfahren*

$\begin{cases} 4a+3b=6 & \vert \cdot 2 \\ 5a+2b=11 & \vert \cdot(-3) \end{cases}$	**Multiplikation beider Gleichungen mit Faktoren derart, daß die Koeffizienten einer Variablen entgegengesetzt gleich werden** (hier: b)
$\begin{cases} 8a+6b=12 \\ -15a-6b=-33 \end{cases}$	**Addition beider Gleichungen**
$-7a=-21$ $a=3$	Berechnen der verbliebenen Variablen
$4\cdot 3+3b=6$ $b=-2$	Einsetzen des Ergebnisses in eine der beiden Gleichungen (hier: 1. Gleichung)

$\underline{\mathbb{L}=\{(3/-2)\}}$

④ **Anmerkung:** Ein lineares Gleichungssystem kann keine, eine oder unendlich viele Lösungen besitzen: Sie erhalten keine Lösung, wenn sich während der Rechnung ein Widerspruch (z.B. $0=1$ (f)) ergibt. Es existieren unendlich viele Lösungen, wenn bei der Berechnung eine allgemeingültige Aussage der Form $0=0$ (w) auftaucht; in diesem Fall enthält die Lösungsmenge noch eine Variable.
Rechnen Sie hierzu selbst die folgenden **Beispiele** nach:

$\begin{cases} 9a-6b=4 \\ -6a+4b=3 \end{cases}$ ergibt $0=17$ (f), also $\underline{\mathbb{L}=\emptyset}$

$\begin{cases} 9a-6b=3 \\ -6a+4b=-2 \end{cases}$ ergibt $0=0$ (w), also $\underline{\mathbb{L}=\left\{\left(a\middle/\frac{3a-1}{2}\right)\right\}}$ bzw. $\underline{\mathbb{L}=\left\{\left(\frac{2b+1}{3}\middle/b\right)\right\}}$

(Beide Gleichungen sind Vielfache von $3a-2b=1$!)

b) 3 Gleichungen mit 3 Variablen:

① *Einsetzverfahren* (entsprechend (2.1.a.2))

$\begin{cases} a-2b=5 \\ 2a+b-c=3 \\ 3b+2c=1 \end{cases}$	$a=2b+5$ in (2) $c=\frac{1-3b}{2}$ in (2)

$$2(2b+5)+b-\frac{1-3b}{2}=3 \qquad |\cdot 2$$

$$8b+20+2b-1+3b=6$$

$$13b=-13$$

$$b=-1 \quad \Rightarrow \quad a=2(-1)+5=3$$

$$c=\frac{1-3(-1)}{2}=2$$

$$\underline{\mathbb{L}=\{(3/-1/2)\}}$$

Dieses Verfahren ist immer dann vorteilhaft, wenn in den Ausgangsgleichungen Lösungsvariablen fehlen. Ist dies nicht der Fall, kann man das System durch mehrfaches Einsetzverfahren lösen bzw. besser noch durch das

② *Gauß-Verfahren* (mehrfaches Additionsverfahren analog (2.1.a.3))

$$\left\{\begin{array}{rrrl} a- & 2b+ & c= & 7 \quad |\cdot 2 \\ 2a+ & b- & c= & 3 \quad |\cdot(-1) \\ -a+ & 3b+ & 2c= & -2 \quad |\cdot 2 \end{array}\right.$$

Additionsverfahren 1.–3. Gleichung nach 1. Spalte

$$\left\{\begin{array}{rrrl} 2a- & 4b+ & 2c= & 14 \\ -2a- & b+ & c= & -3 \\ -2a+ & 6b+ & 4c= & -4 \end{array}\right.$$

(1) gekürzt auf Originalform
(1)+(2)
(1)+(3)

$$\left\{\begin{array}{rrrl} a- & 2b+ & c= & 7 \\ - & 5b+ & 3c= & 11 \quad |\cdot 2 \\ & 2b+ & 6c= & 10 \quad |\cdot 5 \end{array}\right.$$

Additionsverfahren 2.–3. Gleichung nach 2. Spalte

$$\left\{\begin{array}{rrrl} a- & 2b+ & c= & 7 \\ & -10b+ & 6c= & 22 \\ & 10b+ & 30c= & 50 \end{array}\right.$$

(1)
(2) gekürzt auf Originalform
(2)+(3)

$$\left\{\begin{array}{rrrl} a- & 2b+ & c= & 7 \\ - & 5b+ & 3c= & 11 \\ & & 36c= & 72 \end{array}\right.$$

Ziel: „Dreiecksform" des Gleichungssystems

(3) $c=2$

in (2) $b=-1$

in (1) $a=3$

Von unten nach oben einsetzen

$$\underline{\mathbb{L}=\{(3/-1/2)\}}$$

③ Um den Schreibaufwand zu verringern, läßt man oft einfach die Variablen weg und notiert nur noch die „Koeffizientenmatrix"; das obige Beispiel ② sieht in der **Kurzform** dann so aus:

$$
\begin{array}{rrrr|l}
1 & -2 & 1 & 7 & \cdot 2 \\
2 & 1 & -1 & 3 & \cdot(-1) \\
-1 & 3 & 2 & -2 & \cdot 2
\end{array}
\quad\Bigg|\quad
\begin{array}{rrrr}
2 & -4 & 2 & 14 \\
-2 & -1 & 1 & -3 \\
-2 & 6 & 4 & -4
\end{array}
\quad\Bigg|\quad
\begin{array}{rrrr|l}
1 & -2 & 1 & 7 & \\
 & -5 & 3 & 11 & \cdot 2 \\
 & 2 & 6 & 10 & \cdot 5
\end{array}
$$

$$
\begin{array}{rrrr}
1 & -2 & 1 & 7 \\
 & -10 & 6 & 22 \\
 & 10 & 30 & 50
\end{array}
\quad\Bigg|\quad
\begin{array}{rrrr}
1 & -2 & 1 & 7 \\
 & -5 & 3 & 11 \\
 & & 36 & 72
\end{array}
\quad\Bigg|\quad
\begin{array}{l}
\qquad\qquad a=3 \\
\qquad b=-1 \Uparrow \\
c=2 \Uparrow
\end{array}
$$

④ Die Anmerkung (2.1.a.4) gilt sinngemäß auch für 3 Gleichungen mit 3 Variablen.

c) Überbestimmte Gleichungssysteme (mehr Gleichungen als Variablen):

$$\begin{cases} 4a+3b=6 \\ 5a+2b=11 \\ 2a-5b=16 \end{cases}$$

Lösen eines Teilsystems entsprechend der Zahl der Variablen (hier: 1.–2. Gleichung nach (2.1.a))

$$\begin{cases} a=3 \\ b=-2 \\ 2a-5b=16 \end{cases}$$

$$2\cdot 3-5(-2)=16$$
$$6+10=16 \text{ (w)}$$

$$\underline{\mathbb{L}=\{(3/-2)\}}$$

Probe der Lösung(en) in allen restlichen, bisher nicht benutzten Gleichungen (hier: 3. Gleichung)

Ergibt die Probe in irgendeiner Restgleichung eine falsche Aussage, so ist die Lösungsmenge des gesamten Gleichungssystems $\mathbb{L}=\emptyset$.

Beispiel:

Lautet im obigen Beispiel die 3. Gleichung $2a-3b=16$, so ergibt die Probe $2\cdot 3-3(-2)=16 \Leftrightarrow 6+6=16$ (f); damit ist $\mathbb{L}=\emptyset$.

d) Unterbestimmte Gleichungssysteme (weniger Gleichungen als Variablen):

$$\begin{cases} a-2b+c=7 & |\cdot 2 \\ 2a+b-c=3 & |\cdot(-1) \end{cases}$$

$$\begin{cases} 2a-4b+2c=14 \\ -2a-b+c=-3 \end{cases}$$

$$\begin{cases} a-2b+c=7 \\ -5b+3c=11 \end{cases}$$

Lösen des Systems entsprechend der Zahl der Gleichungen (hier: 2 Gleichungen, also nur einmal Additionsverfahren nach 1. Spalte (siehe (2.1.b.2))

(2) $\quad b=\dfrac{3c-11}{5}$

in (1) $\quad a=7-c+2\cdot\dfrac{3c-11}{5}$

$\quad a=\dfrac{c+13}{5}$

STOP!

Letzte Gleichung auflösen nach einer Variablen (hier: nach b / c bleibt in der Lösungsmenge!) **und von unten nach oben einsetzen**

$$\underline{\mathbb{L}=\left\{\left(\frac{c+13}{5}\Big/\frac{3c-11}{5}\Big/c\right)\right\}}$$

Man erhält also unendlich viele Lösungen, die man natürlich auch in Abhängigkeit der Variablen a oder b notieren kann (rechnen Sie nach:
$\underline{\mathbb{L}=\{(a/3a-10/5a-13)\}}$ bzw. $\underline{\mathbb{L}=\left\{\left(\frac{b+10}{3}\Big/b\Big/\frac{5b+11}{3}\right)\right\}}$)

Aufgaben:

1. Lösen Sie die folgenden Gleichungssysteme mit einem Verfahren Ihrer Wahl:

(a) $\begin{cases} 2a-3b=0 \\ 3a-2b=5 \end{cases}$ (b) $\begin{cases} m+2n=2 \\ m+3n=1 \end{cases}$

(c) $\begin{cases} 4r-8s=5 \\ -3r+6s=2 \end{cases}$ (d) $\begin{cases} 4k-2r=0 \\ 3k+4r=0 \end{cases}$

(e) $\begin{cases} 4r-6s=4 \\ 9s-6r=-6 \end{cases}$ (f) $\begin{cases} 3x+2y+6=0 \\ 5x-y-3=0 \end{cases}$

2. Lösen Sie die folgenden Gleichungssysteme nach einem Verfahren Ihrer Wahl und nach dem Gauß-Kurzverfahren:

(a) $\begin{cases} k-m-n=0 \\ 2k-n=2 \\ m+2n=7 \end{cases}$ (b) $\begin{cases} 3x+2y+2z=2 \\ 4x-y-3z=3 \\ -x+3y+4z=1 \end{cases}$

(c) $\begin{cases} 2r+2s+3t=0 \\ 2r-t=0 \\ 6r+s-t=0 \end{cases}$ (d) $\begin{cases} k+7m-3n=0 \\ 2k+3m-n=0 \\ -k+4n=0 \end{cases}$

(e) $\begin{cases} 2x-3y+2z=0 \\ 3x+y-z=8 \\ -x-15y+11z=-24 \end{cases}$ (f) $\begin{cases} 2r-3s+t=2 \\ -3r+2s-2t=3 \\ r-4s=6 \end{cases}$

3. Lösen Sie die folgenden über- bzw. unterbestimmten Gleichungssysteme möglichst zweckmäßig:

(a) $\begin{cases} 2x+y=1 \\ 3x+2y=0 \\ 2x+3y=-5 \end{cases}$ (b) $\begin{cases} 2-3k=5 \\ -3-2k=-1 \\ 4-k=5 \end{cases}$

(c) $\begin{cases} -2x+3y=-1 \\ x-2y=2 \\ 2x-5y=5 \end{cases}$

(d) $\begin{cases} -3x+2y=2 \\ \frac{10}{3}y = 5x + \frac{10}{3} \\ \frac{21}{2}x = 7y-7 \end{cases}$

(e) $\begin{cases} 3k-2m-2n=2 \\ -k+3m+2n=1 \end{cases}$

(f) $\begin{cases} -3a+6b-6c=5 \\ 2a-4b+4c=-2 \end{cases}$

(g) $\begin{cases} 3r-2s+9t=-1 \\ -r+s-3t=2 \end{cases}$

(h) $\begin{cases} 2a-3b+c-2d=4 \\ -a+2b-c-d=-3 \end{cases}$

(i) $\begin{cases} 2r-3s-2t+3u=4 \\ -r+s+3t-2u=3 \\ -2r+5s+3t-6u=-6 \end{cases}$

(j) $\begin{cases} -m+2n-3r+2s=-7 \\ 2m-r-3s=0 \\ 2m-8n+11r-3s=24 \end{cases}$

(k) $\begin{cases} -m+n-r+s=-2 \\ 3m-2n+r-2s=3 \\ m+n-3r+s=-4 \end{cases}$

(l) $\begin{cases} m-2n-2r+s=3 \\ -2m+3n-r+2s=-1 \\ m-4n-12r+9s=10 \end{cases}$

2.2 Gerade in Parameterform im $\mathbb{R}^2/\mathbb{R}^3$

a) Kehren wir nun zu den Vektoren zurück! Um eine Vektorgleichung einer Geraden im $\mathbb{R}^2$ oder auch im $\mathbb{R}^3$ definieren zu können, benötigen wir den Ortsvektor $\vec{a}$ eines beliebigen Punktes A auf der Geraden **(Stützvektor)** sowie einen Vektor $\vec{u}$, der in der Richtung der Geraden g verläuft **(Richtungsvektor)**; die Ortsvektoren $\vec{x}$ (und damit die Koordinaten) der Punkte auf der Geraden erhält man über die einfache Vektorkette $\vec{x}=\vec{a}+k\cdot\vec{u}$ ($k\in\mathbb{R}$ beliebig/eingezeichnet sind $k=1$, $k=2$, $k=3$ und $k=-1$). Diese Gleichung nennt man die

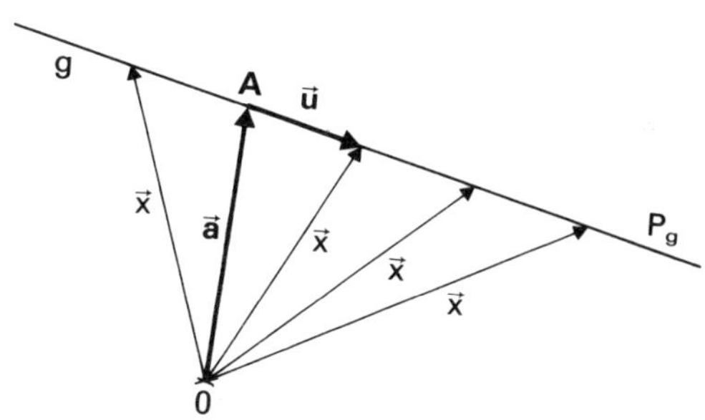

Parameterform der Gerade: $\vec{x}=\vec{a}+k\cdot\vec{u}$ $(k\in\mathbb{R})$

Löst man diese Vektorgleichung in ihre Komponenten auf, so erhält man die

Komponentenform der Gerade: $\begin{cases} \mathbf{x_1 = a_1 + k \cdot u_1} \\ \mathbf{x_2 = a_2 + k \cdot u_2} \\ \mathbf{x_3 = a_3 + k \cdot u_3} \end{cases}$ $\mathbf{(k \in \mathbb{R})}$

Da die Punkte P_g auf der Geraden g ja gerade die Koordinaten $(x_1/x_2/x_3)$ besitzen, kann man sie daher also auch koordinatenmäßig erfassen durch die

Einzelpunktform der Gerade: $\mathbf{P_g(a_1 + k u_1/a_2 + k u_2/a_3 + k u_3)}$ $\mathbf{(k \in \mathbb{R})}$

b) Beispiele:

① Die Gerade g mit dem Richtungsvektor $\vec{u} = \begin{pmatrix} 3 \\ -1 \\ 2 \end{pmatrix}$ durch den Punkt $A(2/-1/3)$ besitzt die

- Parameterform $\quad g: \vec{x} = \begin{pmatrix} 2 \\ -1 \\ 3 \end{pmatrix} + k \begin{pmatrix} 3 \\ -1 \\ 2 \end{pmatrix}$
- Komponentenform $\quad g: \begin{cases} x_1 = 2 + 3k \\ x_2 = -1 - k \\ x_3 = 3 + 2k \end{cases}$
- Einzelpunktform $\quad g: P_g(2 + 3k/-1 - k/3 + 2k)$

② Auf dieser Geraden g liegen beispielsweise die Punkte $P(5/-2/5)$, $Q(-1/0/1)$ und $R\left(4\Big/-\frac{5}{3}\Big/\frac{13}{3}\right)$.

(Setzen Sie nacheinander $k = 1$, $k = -1$ und $k = \frac{2}{3}$ in alle 3 angegebenen Formen ein!)

③ Auch der Punkt $S(8/-3/7)$ liegt auf g; Sie können dies überprüfen, indem Sie den Ortsvektor von S in die Parameterform für $\vec{x}$ einsetzen:

$$\begin{pmatrix} 8 \\ -3 \\ 7 \end{pmatrix} = \begin{pmatrix} 2 \\ -1 \\ 3 \end{pmatrix} + k \begin{pmatrix} 3 \\ -1 \\ 2 \end{pmatrix} \qquad \text{(in Komponentenform)}$$

$$\begin{cases} 8 = 2 + 3k \Rightarrow k = 2 \\ -3 = -1 - k \\ 7 = 3 + 2k \end{cases} \Downarrow \quad \left.\begin{matrix} -3 = -1 - 2 \text{ (w)} \\ 7 = 3 + 4 \text{ (w)} \end{matrix}\right] \quad \text{3 Gleichungen mit 1 Variablen/(2.1.c)}$$

$(\mathbb{L} = \{2\}) \quad \Rightarrow \quad \underline{S \in g}$

④ Der Punkt T(−7/2/3) liegt nicht auf g:

$$\begin{pmatrix}-7\\2\\3\end{pmatrix}=\begin{pmatrix}2\\-1\\3\end{pmatrix}+k\begin{pmatrix}3\\-1\\2\end{pmatrix}$$

$$\begin{cases}-7=\ \ 2+3k \Rightarrow k=-3 \Downarrow & \\ \ \ 2=-1-\ k & 2=-1+3\ (w)\\ \ \ 3=\ \ 3+2k & 3=\ \ 3-6\ (f)\end{cases}$$

$(\mathbb{L}=\emptyset) \quad \Rightarrow \quad \underline{T\notin g}$

⑤ Die Punkte P(2+3m/−2m/4) bilden die Gerade

$$\underline{h:\ \vec{x}=}\begin{pmatrix}2+3m\\-2m\\4\end{pmatrix}=\begin{pmatrix}2+3m\\0-2m\\4+0m\end{pmatrix}=\underline{\begin{pmatrix}2\\0\\4\end{pmatrix}+m\begin{pmatrix}3\\-2\\0\end{pmatrix}}$$

⑥ Welche Gerade i durch den Punkt B(2/0/4) läuft parallel zu g?
Da i∥g, kann man also den Richtungsvektor von g übernehmen; nur der Stützvektor ist auszutauschen:

$$\underline{i:\vec{x}=\begin{pmatrix}2\\0\\4\end{pmatrix}+n\begin{pmatrix}3\\-1\\2\end{pmatrix}}$$

c) In den meisten Anwendungsaufgaben ist eine Gerade aber nicht durch einen Punkt und die Richtung, sondern durch 2 Punkte gegeben. In diesem Fall läßt sich ein Richtungsvektor $\vec{u}$ leicht berechnen: $\vec{u}=\overrightarrow{AB}=\vec{b}-\vec{a}$. Setzt man diesen Richtungsvektor in die Parameterform ein, erhält man die

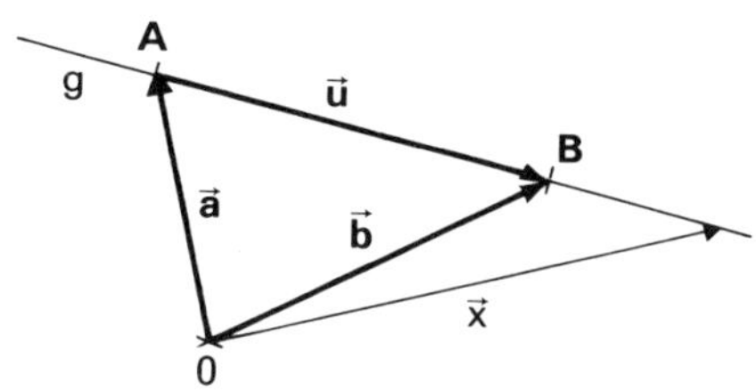

Zweipunkteform der Gerade: $\vec{x}=\vec{a}+k(\vec{b}-\vec{a})$ $(k\in\mathbb{R})$

d) Beispiele:

① Die Gerade g′ durch die Punkte A(5/−2/5) und B(−1/0/1) besitzt die Gleichung

$$\underline{g':\ \vec{x}=}\begin{pmatrix}5\\-2\\5\end{pmatrix}+k\left[\begin{pmatrix}-1\\0\\1\end{pmatrix}-\begin{pmatrix}5\\-2\\5\end{pmatrix}\right]=\underline{\begin{pmatrix}5\\-2\\5\end{pmatrix}+k\begin{pmatrix}-6\\2\\-4\end{pmatrix}}$$

② Ein Vertauschen der beiden Punkte ist natürlich möglich; dies ergibt

$$g'\colon \vec{x} = \begin{pmatrix} -1 \\ 0 \\ 1 \end{pmatrix} + k \begin{pmatrix} 6 \\ -2 \\ 4 \end{pmatrix}$$

③ Ein Vergleich mit (2.2.b.2) zeigt, daß die beiden Geraden g und g′ identisch sind (gleiche Punkte!), obwohl sowohl die Stützvektoren als auch die Richtungsvektoren verschieden sind. Die Richtungsvektoren sind allerdings kollinear (und müssen dies auch sein!); Richtungsvektoren können Sie also skalar multiplizieren, ohne daß sich die Gerade ändert (zum selben Punkt gehören dann natürlich verschiedene Parameterwerte k in den verschiedenen Formen, was aber keine Rolle spielt). Mit Stützvektoren kann man das nicht machen (häufiger Fehler!). Fazit:

Es gibt zu einer Geraden unendlich viele Parameterformen. Richtungsvektoren darf man skalar multiplizieren, Stützvektoren nicht. Jeder Punkt der Geraden kann als Stützpunkt dienen.

Tip: Machen Sie von dieser Vereinfachungsmöglichkeit für Richtungsvektoren Gebrauch; bringen Sie Richtungsvektoren grundsätzlich in die Form „möglichst kleine ganze Zahlen/möglichst wenig Minuszeichen“! Nehmen Sie auch den in diesem Sinne einfachsten Punkt als Stützvektor!

④ Eine möglichst einfache Darstellung von g′ wäre also

$$g'\colon \vec{x} = \begin{pmatrix} -1 \\ 0 \\ 1 \end{pmatrix} + k \begin{pmatrix} 3 \\ -1 \\ 2 \end{pmatrix}$$

⑤ Die Gerade durch P(5/−5/10) und Q(−3/−3/6) hat also die Gleichung

$$\vec{x} = \begin{pmatrix} 5 \\ -5 \\ 10 \end{pmatrix} + k \left[\begin{pmatrix} -3 \\ -3 \\ 6 \end{pmatrix} - \begin{pmatrix} 5 \\ -5 \\ 10 \end{pmatrix} \right]$$

$$\vec{x} = \begin{pmatrix} 5 \\ -5 \\ 10 \end{pmatrix} + k \begin{pmatrix} -8 \\ 2 \\ -4 \end{pmatrix}$$

$$\vec{x} = \begin{pmatrix} 5 \\ -5 \\ 10 \end{pmatrix} + k \begin{pmatrix} 4 \\ -1 \\ 2 \end{pmatrix}$$

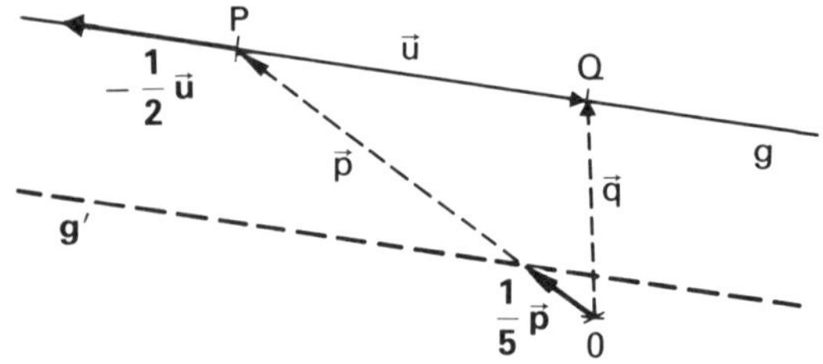

(**Den Stützvektor nicht kürzen oder im Vorzeichen ändern!!** / Sie erhalten sonst eine ganz andere Gerade (siehe Zeichnung)!)

⑥ Liegen die Punkte A(0/0), B(8/−5) und C(−1,6/1) auf einer Geraden?

$$g_{AB}\colon\ \vec{x}=\begin{pmatrix}0\\0\end{pmatrix}+k\left[\begin{pmatrix}8\\-5\end{pmatrix}-\begin{pmatrix}0\\0\end{pmatrix}\right]\Leftrightarrow \vec{x}=k\begin{pmatrix}8\\-5\end{pmatrix}$$

$$C\in g_{AB}?\colon\ \begin{pmatrix}-1{,}6\\1\end{pmatrix}=k\begin{pmatrix}8\\-5\end{pmatrix}\Rightarrow\begin{cases}-1{,}6=8k & \Uparrow\ -1{,}6=-1{,}6\ (w)\\ \quad 1=-5k\Rightarrow k=-0{,}2\end{cases}$$

$\underline{C\in g_{AB}}$

Alternative: Sie zeigen nach (1.4.d), daß die Vektoren $\overrightarrow{AB}$ und $\overrightarrow{AC}$ kollinear sind.

⑦ *Punktspiegelung einer Geraden*
Die Gerade g durch die Punkte A(2/−1/2) und B(10/−5/6) soll um das Zentrum Z(−1/2/0) gespiegelt werden.

$$g\colon\ \vec{x}=\begin{pmatrix}2\\-1\\2\end{pmatrix}+k\left[\begin{pmatrix}10\\-5\\6\end{pmatrix}-\begin{pmatrix}2\\-1\\2\end{pmatrix}\right]$$

$$\vec{x}=\begin{pmatrix}2\\-1\\2\end{pmatrix}+k\begin{pmatrix}8\\-4\\4\end{pmatrix}$$

$$\vec{x}=\begin{pmatrix}2\\-1\\2\end{pmatrix}+k\begin{pmatrix}2\\-1\\1\end{pmatrix}$$

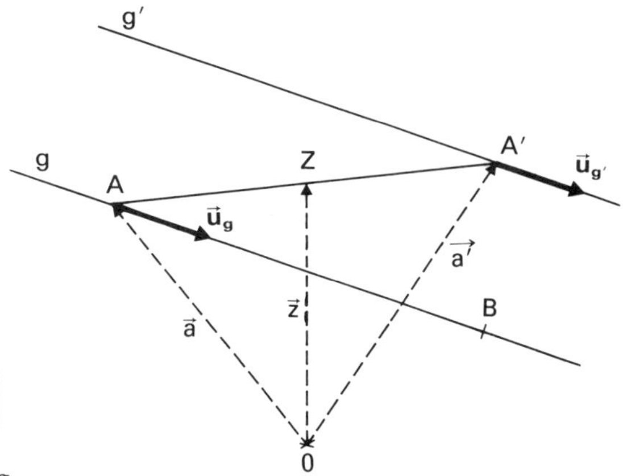

Da g∥g', kann man $\vec{u}_{g'}=\vec{u}_g=\begin{pmatrix}2\\-1\\1\end{pmatrix}$ übernehmen; wir müssen also lediglich den Spiegelpunkt A' von A berechnen (siehe (1.4.e.3)):

$$\vec{a'}=\vec{a}+2\overrightarrow{AZ}=\begin{pmatrix}2\\-1\\2\end{pmatrix}+2\left[\begin{pmatrix}-1\\2\\0\end{pmatrix}-\begin{pmatrix}2\\-1\\2\end{pmatrix}\right]=\begin{pmatrix}2\\-1\\2\end{pmatrix}+\begin{pmatrix}-6\\6\\-4\end{pmatrix}=\begin{pmatrix}-4\\5\\-2\end{pmatrix}$$

$$\underline{g'\colon\ \vec{x}=\begin{pmatrix}-4\\5\\-2\end{pmatrix}+k\begin{pmatrix}2\\-1\\1\end{pmatrix}}$$

e) Obwohl es trivial erscheint, wollen wir doch die **Gleichungen der Koordinatenachsen** mit aufführen:

1. $\mathbb{R}^2$**:** x_1-Achse: $\vec{x}=k\begin{pmatrix}1\\0\end{pmatrix}$ x_2-Achse: $\vec{x}=k\begin{pmatrix}0\\1\end{pmatrix}$

2. $\mathbb{R}^3$: x_1-Achse: $\vec{x} = k\begin{pmatrix}1\\0\\0\end{pmatrix}$ x_2-Achse: $\vec{x} = k\begin{pmatrix}0\\1\\0\end{pmatrix}$ x_3-Achse: $\vec{x} = k\begin{pmatrix}0\\0\\1\end{pmatrix}$

f) Da es für eine Gerade unendlich viele verschiedene Parameterformen gibt, muß man (in Umkehrung der Aufgaben der letzten Abschnitte) häufig auch feststellen, ob zwei verschiedene gegebene Geradengleichungen $g: \vec{x} = \vec{a} + k\vec{u}$ und $h: \vec{x} = \vec{b} + m\vec{v}$ dieselbe Gerade darstellen oder nicht.

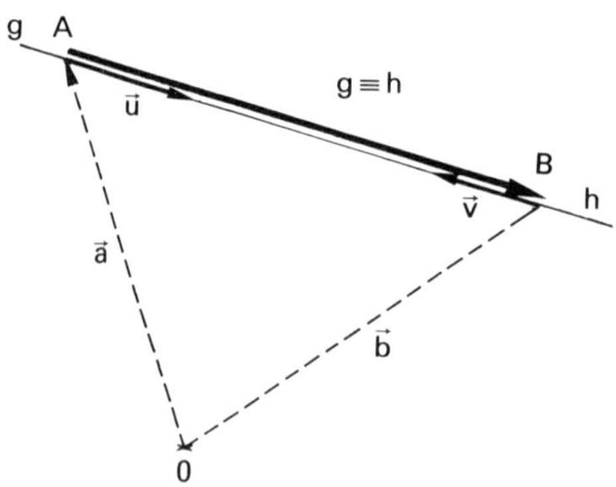

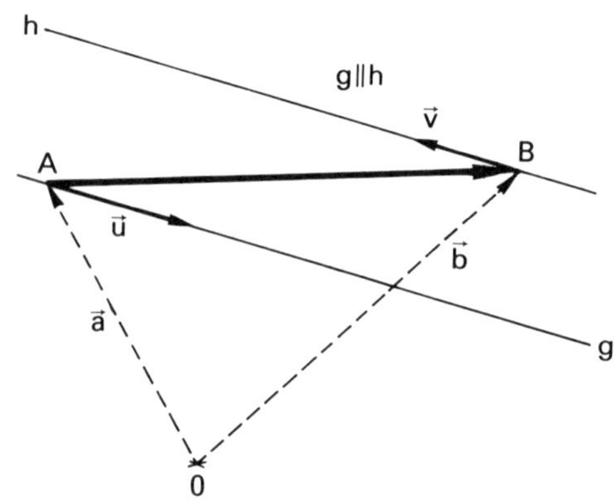

Notwendig ist hierzu, daß $\vec{u}$ und $\vec{v}$ kollinear sind. Daß dies aber nicht ausreicht, zeigt der Vergleich mit zwei parallelen Geraden: auch dort sind beide Richtungsvektoren kollinear. Die beiden Fälle kann man aber einfach dadurch trennen, daß man den Vektor $\overrightarrow{AB} = \vec{b} - \vec{a}$ zwischen den Stützpunkten untersucht: im Identitätsfall ist $\overrightarrow{AB}$ ebenfalls ein Richtungsvektor der Geraden g und h und damit kollinear zu $\vec{u}$ und $\vec{v}$, im anderen Fall nicht. Also:

$g \equiv h \Leftrightarrow \vec{u}, \vec{v}, (\vec{b} - \vec{a})$ kollinear

$g \underset{(\neq)}{\parallel} h \Leftrightarrow \vec{u}, \vec{v}$ kollinear, nicht kollinear zu $(\vec{b} - \vec{a})$

Beispiel:

Welche Lage hat die Gerade $g: \vec{x} = \begin{pmatrix}5\\-2\\5\end{pmatrix} + k\begin{pmatrix}-6\\2\\-4\end{pmatrix}$ zu den Geraden

$h: \vec{x} = \begin{pmatrix}2\\-1\\3\end{pmatrix} + m\begin{pmatrix}3\\-1\\2\end{pmatrix}$ und $i: \vec{x} = \begin{pmatrix}-7\\2\\3\end{pmatrix} + n\begin{pmatrix}9\\-3\\6\end{pmatrix}$?

$$\left.\begin{array}{ll} \text{g und h: } (\alpha)\ \vec{u}, \vec{v} \text{ kollinear:} & \begin{pmatrix}-6\\2\\-4\end{pmatrix} = (-2)\begin{pmatrix}3\\-1\\2\end{pmatrix} \Rightarrow g \parallel h \\ (\beta)\ (\vec{b}-\vec{a}), \vec{u} \text{ kollinear:} & \begin{pmatrix}2\\-1\\3\end{pmatrix} - \begin{pmatrix}5\\-2\\5\end{pmatrix} = \begin{pmatrix}-3\\1\\-2\end{pmatrix} = (-1)\begin{pmatrix}3\\-1\\2\end{pmatrix} \end{array}\right\} \Rightarrow \underline{g \equiv h}$$

g und i: $(\alpha)\ \frac{-6}{9} = \frac{2}{-3} = \frac{-4}{6} \Rightarrow \underline{g \parallel i}$

$(\beta)\ \begin{pmatrix}-7\\2\\3\end{pmatrix} - \begin{pmatrix}5\\-2\\5\end{pmatrix} = \begin{pmatrix}-12\\4\\-2\end{pmatrix};\quad \frac{-12}{-6} = \frac{4}{2} \neq \frac{-2}{-4} \Rightarrow \underline{g \not\equiv i}$

Aufgaben:

1. Ermitteln Sie eine möglichst einfache Parameterform der Geraden und prüfen Sie nach, ob die Punkte P und Q auf der Geraden liegen. Die Gerade ist gegeben durch

   (a) g_1: A(2/0/−1), $\vec{u} = \begin{pmatrix}-2\\0\\1\end{pmatrix}$; P(−4/0/2), Q(0/0/0)

   (b) g_2: A(−3/2/−2), $\vec{u} = \begin{pmatrix}-4\\2\\-6\end{pmatrix}$; P(3/−1/7), Q(1/0/−4)

   (c) g_3: A(3/−2/0), $\vec{u} = \begin{pmatrix}-4\\-6\\0\end{pmatrix}$; P(5/1/1), Q(1/1/0)

   (d) g_4: A(1/−2/1), B(7/1/1); P(4/−0,5/1), Q(7/1/1)
   (e) g_5: A(2/0/0), B(2/−3/0); P(3/−3/0), Q(2/0/0)
   (f) g_6: $g_6 \parallel g_1$ durch A(2/−1/4); P, Q wie (a)
   (g) g_7: $g_7 \parallel g_2$ durch A(−5/3/−5); P, Q wie (b)
   (h) g_8: $g_8 \parallel x_2$-Achse durch A(−1/4/2); P(−1/8/2), Q(−1/5/3)
   (i) g_9: $g_9 \parallel x_3$-Achse durch A(0/0/−2); P(0/−2/0), Q(0/0/0)

2. Weisen Sie nach, daß $g_2 \equiv g_7$ (aus Aufgabe 1.) ist.

3. Zeigen Sie, daß $g_6 \parallel g_1$ mit $g_6 \not\equiv g_1$ (aus Aufgabe 1.) gilt.

4. Untersuchen Sie die folgenden Geradenpaare auf Parallelität bzw. Identität:

(a) $g: \vec{x} = \begin{pmatrix} 1 \\ -1 \\ 1 \end{pmatrix} + k \begin{pmatrix} 2 \\ 0 \\ -3 \end{pmatrix}$, $h: \vec{x} = \begin{pmatrix} 2 \\ -2 \\ 2 \end{pmatrix} + k \begin{pmatrix} 3 \\ 0 \\ -2 \end{pmatrix}$

(b) $g: \vec{x} = \begin{pmatrix} 1 \\ 2 \end{pmatrix} + k \begin{pmatrix} -6 \\ 3 \end{pmatrix}$, $h: \vec{x} = \begin{pmatrix} 4 \\ -1 \end{pmatrix} + k \begin{pmatrix} 4 \\ -2 \end{pmatrix}$

(c) $g: \vec{x} = \begin{pmatrix} 2 \\ -3 \end{pmatrix} + k \begin{pmatrix} 4 \\ 0 \end{pmatrix}$, $h: \vec{x} = \begin{pmatrix} 5 \\ -3 \end{pmatrix} + k \begin{pmatrix} -3 \\ 0 \end{pmatrix}$

(d) $g: \vec{x} = \begin{pmatrix} 1 \\ -2 \\ 2 \end{pmatrix} + k \begin{pmatrix} 4 \\ -2 \\ 6 \end{pmatrix}$, $h: \vec{x} = \begin{pmatrix} 1 \\ -2 \\ 2 \end{pmatrix} + k \begin{pmatrix} -6 \\ -3 \\ 9 \end{pmatrix}$

(e) $g[(1/0/-2), (-7/0/2)]$, $h[(2/-3/6), (8/-3/3)]$

(f) $g[(1/-2/0), (-4/8/5)]$, $h[(0/0/1), (4/-8/-3)]$

5. Spiegeln Sie um das Zentrum $Z(2/1/-3)$ die Geraden

$$g: \vec{x} = \begin{pmatrix} 0 \\ 1 \\ -1 \end{pmatrix} + k \begin{pmatrix} -1 \\ 2 \\ -5 \end{pmatrix} \quad \text{und} \quad h: \vec{x} = \begin{pmatrix} -2 \\ 3 \\ 3 \end{pmatrix} + k \begin{pmatrix} -2 \\ 1 \\ 3 \end{pmatrix}.$$

Wie liegen in beiden Fällen Gerade und Bildgerade zueinander?

6. Projizieren Sie die Geraden $g: \vec{x} = \begin{pmatrix} 1 \\ -2 \\ 0 \end{pmatrix} + k \begin{pmatrix} 2 \\ -3 \\ 4 \end{pmatrix}$ und $h: \vec{x} = \begin{pmatrix} 2 \\ -1 \\ 1 \end{pmatrix} + k \begin{pmatrix} 0 \\ -3 \\ 0 \end{pmatrix}$ senkrecht in die 3 Koordinatenebenen. Welche Gleichungen haben die Projektionsgeraden?

2.3 Ebene in Parameterform im $\mathbb{R}^3$

a) Auf ganz ähnliche Art wie die Gerade definiert man die Gleichung einer Ebene in Parameterform; man benötigt im Unterschied allerdings 2 nicht kollineare Richtungsvektoren $\vec{u}$ und $\vec{v}$, um eine Ebene aufzuspannen ((1.5.d)/Mit kollinearen $\vec{u}$ und $\vec{v}$ erzeugt man nur eine Gerade!):

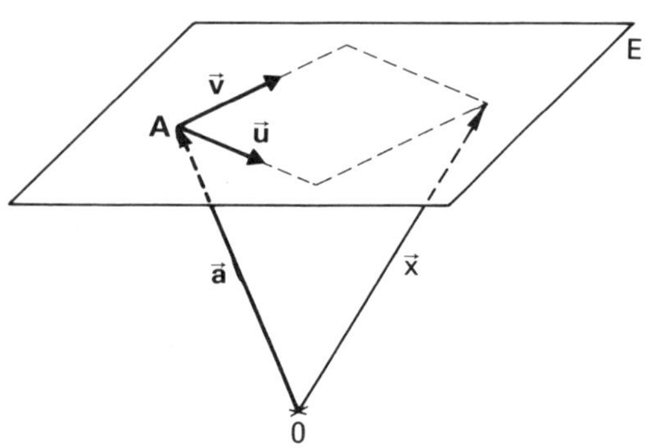

Parameterform der Ebene: $\vec{x}=\vec{a}+k\cdot\vec{u}+m\cdot\vec{v}$
$(k, m\in\mathbb{R}/\vec{u}, \vec{v}$ **nicht kollinear)**

Die Auflösung dieser Gleichung in die Komponenten ergibt die

Komponentenform der Ebene:
$$\begin{cases} x_1=a_1+k\cdot u_1+m\cdot v_1 \\ x_2=a_2+k\cdot u_2+m\cdot v_2 \\ x_3=a_3+k\cdot u_3+m\cdot v_3 \end{cases} \quad (k, m\in\mathbb{R})$$

Eine Einzelpunktform der Ebene ist ohne rechnerische Bedeutung.

b) Eine Ebene wird eindeutig definiert durch 3 Punkte, die nicht auf einer Gerade liegen; bei 3 so gegebenen Punkten kann man analog zur Geraden die Vektoren $\overrightarrow{AB}=\vec{b}-\vec{a}$ und $\overrightarrow{AC}=\vec{c}-\vec{a}$ (sie sind dann automatisch linear unabhängig!) als Richtungsvektoren $\vec{u}$ und $\vec{v}$ benutzen. Dies ergibt die

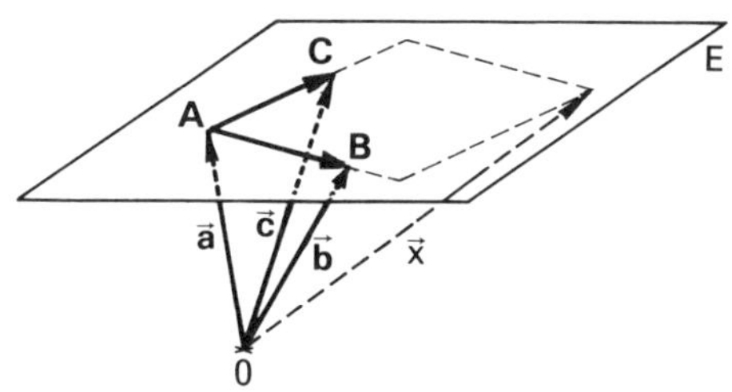

Dreipunkteform der Ebene: $\vec{x}=\vec{a}+k(\vec{b}-\vec{a})+m(\vec{c}-\vec{a})$
$(k, m\in\mathbb{R}/A(\vec{a}), B(\vec{b}), C(\vec{c})$ nicht auf einer Geraden)

c) Beispiele:

① Geben Sie eine möglichst einfache Gleichung der Ebene E durch die Punkte A(2/1/4), B(5/3/3) und C(2/5/2) an.

$$E\colon \vec{x}=\begin{pmatrix}2\\1\\4\end{pmatrix}+k\left[\begin{pmatrix}5\\3\\3\end{pmatrix}-\begin{pmatrix}2\\1\\4\end{pmatrix}\right]+m\left[\begin{pmatrix}2\\5\\2\end{pmatrix}-\begin{pmatrix}2\\1\\4\end{pmatrix}\right]$$

$$\vec{x}=\begin{pmatrix}2\\1\\4\end{pmatrix}+k\begin{pmatrix}3\\2\\-1\end{pmatrix}+m\begin{pmatrix}0\\4\\-2\end{pmatrix}$$ (Richtungsvektoren vereinfachen)

$$\vec{x}=\begin{pmatrix}2\\1\\4\end{pmatrix}+k\begin{pmatrix}3\\2\\-1\end{pmatrix}+m\begin{pmatrix}0\\2\\-1\end{pmatrix}$$

($\vec{u}\neq k\vec{v}$, also lagen die 3 Punkte A, B, C auch nicht auf einer Geraden!)

② Prüfen Sie, ob die Punkte P(5/2/6) und Q(8/1/4) auf E liegen.

$$P \in E?: \quad \begin{pmatrix} 5 \\ 2 \\ 6 \end{pmatrix} = \begin{pmatrix} 2 \\ 1 \\ 4 \end{pmatrix} + k \begin{pmatrix} 3 \\ 2 \\ -1 \end{pmatrix} + m \begin{pmatrix} 0 \\ 2 \\ -1 \end{pmatrix}$$

$$\left\{ \begin{array}{l} 3k \qquad\;\; = 3 \;\Rightarrow\; k = 1 \;\Downarrow \\ 2k + 2m = 1 \qquad\qquad m = -\frac{1}{2} \;\Downarrow \\ -k - \;\, m = 2 \qquad\qquad\qquad -1 + \frac{1}{2} = 2 \text{ (f)} \end{array} \right. \tag{2.1.c}$$

$\underline{P \notin E}$

Eine analoge Rechnung für Q ergibt $k = 2$, $m = -2$ und eine wahre Aussage in der Probe: $\underline{Q \in E}$.
(Die Aufgabe könnte auch anders formuliert sein, z. B.: „Liegen die 4 Punkte A, B, C und P in einer Ebene?")

③ Bestimmen Sie die Gleichung der Ebene E_1, die durch $A(-1/2/4)$ geht und parallel zur Ebene E liegt.

Die Parallelität erzwingen Sie, indem Sie die Richtungsvektoren von E für E_1 übernehmen; Sie brauchen nur den Stützvektor auszutauschen:

$$\underline{E_1: \; \vec{x} = \begin{pmatrix} -1 \\ 2 \\ 4 \end{pmatrix} + k \begin{pmatrix} 3 \\ 2 \\ -1 \end{pmatrix} + m \begin{pmatrix} 0 \\ 2 \\ -1 \end{pmatrix}}$$

④ Welcher Punkt der Ebene E liegt gleichzeitig auf der x_3-Achse?

Für die Punkte der x_3-Achse ist $P_g(0/0/x_3)$ nach (2.2.e); also:

$$\begin{pmatrix} 0 \\ 0 \\ x_3 \end{pmatrix} = \begin{pmatrix} 2 \\ 1 \\ 4 \end{pmatrix} + k \begin{pmatrix} 3 \\ 2 \\ -1 \end{pmatrix} + m \begin{pmatrix} 0 \\ 2 \\ -1 \end{pmatrix}$$

$$\left\{ \begin{array}{l} 3k \qquad\qquad\; = -2 \;\Rightarrow\; k = -\frac{2}{3} \;\Downarrow \\ 2k + 2m \qquad = -1 \qquad\qquad m = \frac{1}{6} \;\Downarrow \\ -k - \;\, m - x_3 = -4 \qquad\qquad\qquad x_3 = 4{,}5 \end{array} \right. \tag{2.1.b}$$

$\underline{P(0/0/4{,}5)}$

⑤ Bestimmen Sie die Gleichung der Ebene E_2, die den Punkt $R(-3/2/5)$ sowie die Gerade g: $\vec{x}=\begin{pmatrix}-1\\0\\2\end{pmatrix}+k\begin{pmatrix}3\\2\\-4\end{pmatrix}$ enthält.

$R\notin g$, wie sich durch Einsetzen leicht feststellen läßt (E_2 ist also definiert!). Als Stützvektor kann man A (oder R), als 1. Richtungsvektor $\vec{u}_g$ übernehmen; den 2. Richtungsvektor $\vec{v}$ berechnet man z. B. durch

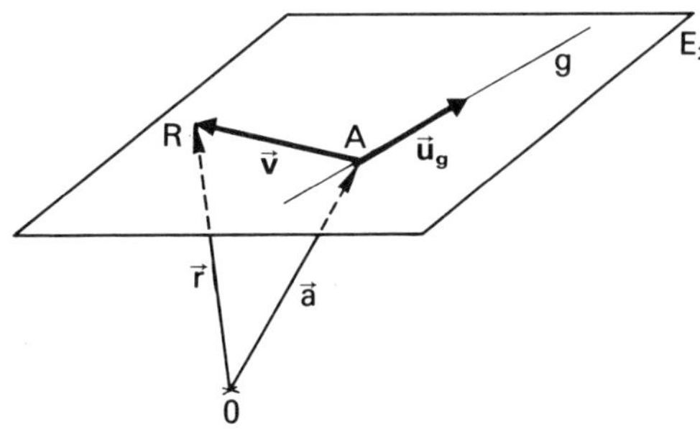

$$\vec{v}=\overrightarrow{AR}=\vec{r}-\vec{a}=\begin{pmatrix}-3\\2\\5\end{pmatrix}-\begin{pmatrix}-1\\0\\2\end{pmatrix}=\begin{pmatrix}-2\\2\\3\end{pmatrix}$$

$$E_2:\ \vec{x}=\begin{pmatrix}-1\\0\\2\end{pmatrix}+k\begin{pmatrix}3\\2\\-4\end{pmatrix}+m\begin{pmatrix}-2\\2\\3\end{pmatrix}$$

⑥ Welche Ebene E_3 spannen die beiden sich schneidenden Geraden

$$g:\ \vec{x}=\begin{pmatrix}-1\\2\\4\end{pmatrix}+k\begin{pmatrix}3\\2\\-1\end{pmatrix}\ \text{und}$$

$$h:\ \vec{x}=\begin{pmatrix}-1\\2\\4\end{pmatrix}+k\begin{pmatrix}0\\2\\-1\end{pmatrix}\ \text{auf?}$$

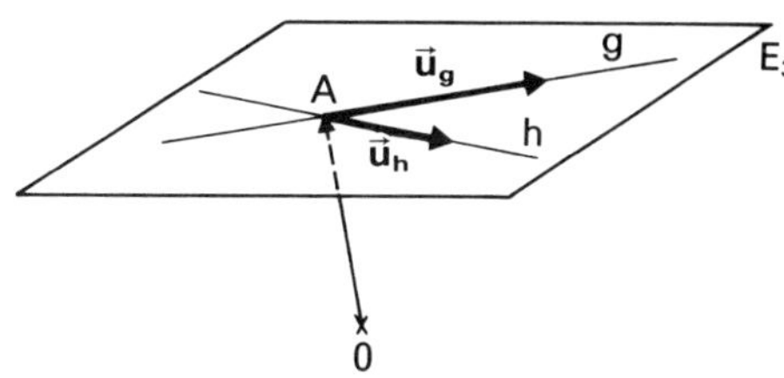

$$E_3:\ \vec{x}=\begin{pmatrix}-1\\2\\4\end{pmatrix}+k\begin{pmatrix}3\\2\\-1\end{pmatrix}+m\begin{pmatrix}0\\2\\-1\end{pmatrix}$$

(Parameter umbenennen!/$E_3\equiv E_1$)

⑦ Welche Ebene E_4 spannen die beiden parallelen Geraden

$$g:\ \vec{x}=\begin{pmatrix}2\\1\\-3\end{pmatrix}+k\begin{pmatrix}1\\0\\-2\end{pmatrix}\ \text{und h: } x=\begin{pmatrix}4\\-3\\-3\end{pmatrix}+m\begin{pmatrix}-3\\0\\6\end{pmatrix}\ \text{auf?}$$

(Falls in anderer Aufgabenstellung nötig, müssen Sie zunächst die Parallelität von g und h über (2.2.f) nachweisen!)
Von den beiden Richtungsvektoren $\vec{u}_g$ und $\vec{u}_h$ können Sie wegen g‖h nur einen übernehmen; den anderen erhalten Sie z. B. über

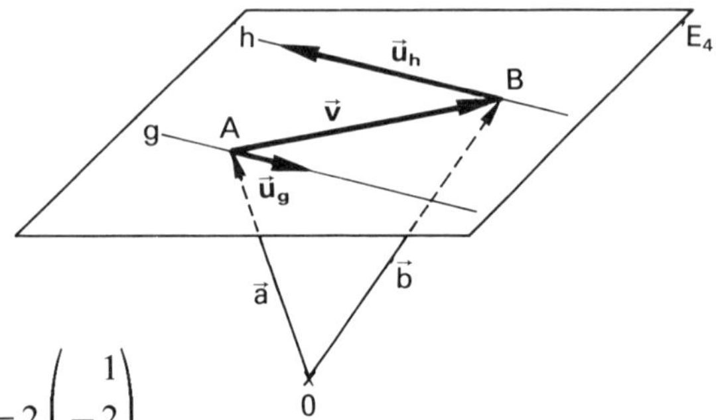

$$\vec{v} = \overrightarrow{AB} = \vec{b} - \vec{a} = \begin{pmatrix} 4 \\ -3 \\ -3 \end{pmatrix} - \begin{pmatrix} 2 \\ 1 \\ -3 \end{pmatrix} = \begin{pmatrix} 2 \\ -4 \\ 0 \end{pmatrix} = 2\begin{pmatrix} 1 \\ -2 \\ 0 \end{pmatrix}$$

$$E_4\colon \vec{x} = \begin{pmatrix} 2 \\ 1 \\ -3 \end{pmatrix} + k\begin{pmatrix} 1 \\ 0 \\ -2 \end{pmatrix} + m\begin{pmatrix} 1 \\ -2 \\ 0 \end{pmatrix}$$

d) Die möglichst einfachen **Parametergleichungen der drei Koordinatenebenen** lauten:

- x_1x_2-Ebene: $\vec{x} = k\begin{pmatrix} 1 \\ 0 \\ 0 \end{pmatrix} + m\begin{pmatrix} 0 \\ 1 \\ 0 \end{pmatrix}$ $/(x_3 = 0)$
- x_1x_3-Ebene: $\vec{x} = k\begin{pmatrix} 1 \\ 0 \\ 0 \end{pmatrix} + m\begin{pmatrix} 0 \\ 0 \\ 1 \end{pmatrix}$ $/(x_2 = 0)$
- x_2x_3-Ebene: $\vec{x} = k\begin{pmatrix} 0 \\ 1 \\ 0 \end{pmatrix} + m\begin{pmatrix} 0 \\ 0 \\ 1 \end{pmatrix}$ $/(x_1 = 0)$

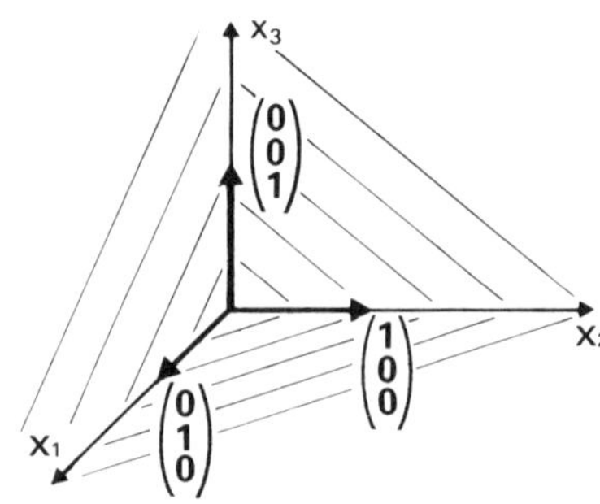

e) Wie bei den Geraden muß man auch bei den Ebenen häufig Parallelität bzw. Identität zweier Ebenen untersuchen; in Parameterform ist dies wesentlich schwieriger als bei den Geraden, da sich bei den Ebenen die Richtungsvektoren auch in der Richtung und nicht nur in Länge und Orientierung unterscheiden können.
Sowohl bei Identität als auch bei Parallelität müssen die 4 Richtungsvektoren $\vec{u}$, $\vec{v}$, $\vec{u'}$ und $\vec{v'}$ innerhalb einer Ebene liegen, also komplanar sein; ist $E \equiv E'$, so ist zusätzlich auch $\overrightarrow{AB}$ ein Richtungsvektor der Ebenen, also ebenfalls komplanar zu den 4 Richtungsvektoren, bei („echter") Parallelität ist dies nicht der Fall:

$E \equiv E' \Leftrightarrow \vec{u}, \vec{v}, \vec{u'}, \vec{v'}, (\vec{b} - \vec{a})$ komplanar

$E \underset{(\neq)}{\parallel} E' \Leftrightarrow \vec{u}, \vec{v}, \vec{u'}, \vec{v'}$ komplanar, nicht komplanar zu $(\vec{b} - \vec{a})$

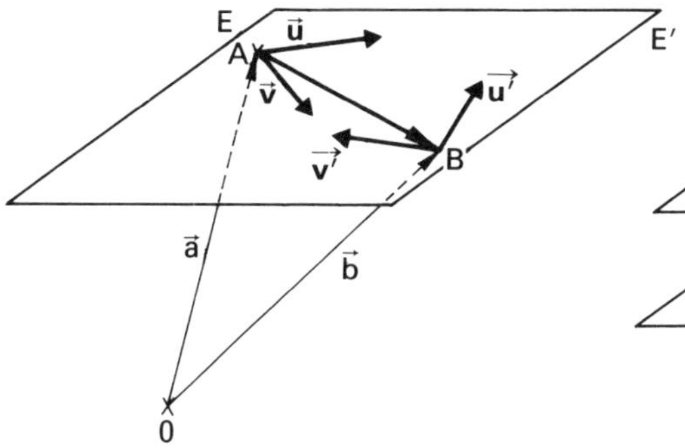

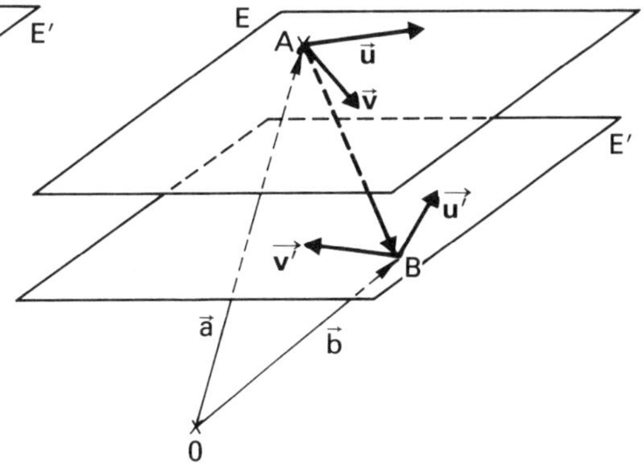

Beispiel:

Untersuchen Sie die beiden Ebenen E: $\vec{x}=\begin{pmatrix}2\\1\\4\end{pmatrix}+k\begin{pmatrix}3\\0\\-2\end{pmatrix}+m\begin{pmatrix}5\\-1\\4\end{pmatrix}$

und E': $\vec{x}=\begin{pmatrix}0\\2\\-2\end{pmatrix}+k\begin{pmatrix}1\\1\\-8\end{pmatrix}+m\begin{pmatrix}1\\-2\\14\end{pmatrix}$ auf Identität bzw. Parallelität.

Die Rechnung zerfällt in 3 Teile (siehe auch (1.5.b)):

(α) $\begin{pmatrix}3\\0\\-2\end{pmatrix}, \begin{pmatrix}5\\-1\\4\end{pmatrix}, \begin{pmatrix}1\\1\\-8\end{pmatrix}$ komplanar?

$$k\begin{pmatrix}3\\0\\-2\end{pmatrix}+m\begin{pmatrix}5\\-1\\4\end{pmatrix}+n\begin{pmatrix}1\\1\\-8\end{pmatrix}=\vec{0}$$

$$\begin{cases} 3k+5m+\ \ n=0 \\ \quad\ -\ m+\ \ n=0 \Rightarrow m=n \quad \Uparrow \quad k=-2n \quad \Downarrow \\ -2k+4m-8n=0 \qquad\qquad 4n+4n-8n=0\ (w)\end{cases}$$

unendlich viele Lösungen, also komplanar!

(β) $\begin{pmatrix}3\\0\\-2\end{pmatrix}, \begin{pmatrix}5\\-1\\4\end{pmatrix}, \begin{pmatrix}1\\-2\\14\end{pmatrix}$ komplanar?

$$k\begin{pmatrix}3\\0\\-2\end{pmatrix}+m\begin{pmatrix}5\\-1\\4\end{pmatrix}+n\begin{pmatrix}1\\-2\\14\end{pmatrix}=\vec{0}$$

$$\left\{\begin{array}{rl} 3k+5m+\ n=0 & \\ -\ m-\ 2n=0 & \Rightarrow m=-2n \ \Uparrow \ k=3n \ \Downarrow \\ -2k+4m+14n=0 & \qquad -6n-8n+14n=0\ (w) \end{array}\right.$$

komplanar!

(Aus (α) und (β) folgt, daß $E \equiv E'$ oder $E \parallel E'$ ist. (Ergäbe eine der beiden Rechnungen ‚nicht komplanar', so würden sich die beiden Ebenen in einer Geraden schneiden!))

$$(\gamma)\quad \begin{pmatrix}3\\0\\-2\end{pmatrix}, \begin{pmatrix}5\\-1\\4\end{pmatrix}, \vec{b}-\vec{a}=\begin{pmatrix}0\\2\\-2\end{pmatrix}-\begin{pmatrix}2\\1\\4\end{pmatrix}=\begin{pmatrix}-2\\1\\-6\end{pmatrix} \text{ komplanar?}$$

$$k\begin{pmatrix}3\\0\\-2\end{pmatrix}+m\begin{pmatrix}5\\-1\\4\end{pmatrix}+n\begin{pmatrix}-2\\1\\-6\end{pmatrix}=\vec{0}$$

$$\left\{\begin{array}{rl} 3k+5m-2n=0 & \\ -\ m+\ n=0 & \Rightarrow m=n \ \Uparrow \ k=-n \ \Downarrow \\ -2k+4m-6n=0 & \qquad 2n+4n-6n=0\ (w) \end{array}\right.$$

komplanar!

$\underline{E \equiv E'}$

(Ergäbe (γ) ‚nicht komplanar', so wäre das Gesamtergebnis $E \parallel E'$.)

Sie sehen: kurz ist diese Rechnung nun gerade nicht. In (4.1.d) werden Sie (für eine andere Gleichungsform der Ebene) einen wesentlich schnelleren Weg kennenlernen, den Sie – falls möglich – anwenden sollten.

Aufgaben:

1. Ermitteln Sie eine möglichst einfache Parameterform der Ebene und prüfen Sie bei den entsprechenden Aufgaben nach, ob der Punkt P in der Ebene liegt. Die Ebene ist gegeben durch:

   (a) E_1: $A(2/-1/2)$, $\vec{u}=\begin{pmatrix}3\\1\\-1\end{pmatrix}$, $\vec{v}=\begin{pmatrix}-1\\2\\0\end{pmatrix}$; $P(11/-5/0)$

   (b) E_2: $A(1/-1/0)$, $B(5/3/2)$, $C(-3/-1/4)$; $P(2/-3/-1)$

   (c) E_3: $A(2/-5/1)$, $\left\{g: \vec{x}=k\begin{pmatrix}2\\-3\\1\end{pmatrix}\right\} \subset E_3$

(d) E_4: $A(-2/0/-1)$, $\left\{g\colon \vec{x}=\begin{pmatrix}4\\-2\\3\end{pmatrix}+k\begin{pmatrix}3\\-1\\2\end{pmatrix}\right\}\subset E_4$

(e) E_5: $A(2/-3/-1)$, $E_5 \parallel E_2$

(f) E_6: $\left\{g\colon \vec{x}=\begin{pmatrix}-4\\4\\2\end{pmatrix}+k\begin{pmatrix}2\\-1\\4\end{pmatrix}\right\}\subset E_6$, $E_6 \parallel x_2$-Achse

(g) E_7: $\left\{g\colon \vec{x}=\begin{pmatrix}2\\0\\3\end{pmatrix}+k\begin{pmatrix}-1\\0\\2\end{pmatrix}\right\}\subset E_7$, $E_7 \perp x_1x_2$-Ebene

(h) E_8: $\left\{g\colon \vec{x}=\begin{pmatrix}0\\2\\0\end{pmatrix}+k\begin{pmatrix}-1\\2\\4\end{pmatrix}\right\}\subset E_8$, x_2-Achse $\subset E_8$

(i) E_9: $\left\{g\colon \vec{x}=\begin{pmatrix}2\\-1\\1\end{pmatrix}+k\begin{pmatrix}-3\\0\\2\end{pmatrix}\right\}\subset E_9$, $\left\{h\colon \vec{x}=\begin{pmatrix}5\\4\\-1\end{pmatrix}+m\begin{pmatrix}4\\5\\-2\end{pmatrix}\right\}\parallel E_9$

(j) E_{10}: $\left\{g\colon \vec{x}=\begin{pmatrix}2\\-1\\1\end{pmatrix}+k\begin{pmatrix}-6\\0\\4\end{pmatrix}\right\}\subset E_{10}$, $\left\{h\colon \vec{x}=\begin{pmatrix}3\\2\\4\end{pmatrix}+m\begin{pmatrix}3\\0\\-2\end{pmatrix}\right\}\subset E_{10}$

(k) E_{11}: $\left\{g\colon \vec{x}=\begin{pmatrix}4\\-3\\1\end{pmatrix}+k\begin{pmatrix}2\\2\\-1\end{pmatrix}\right\}\subset E_{11}$, $\left\{h\colon \vec{x}=\begin{pmatrix}0\\-7\\3\end{pmatrix}+m\begin{pmatrix}-4\\-4\\2\end{pmatrix}\right\}\subset E_{11}$

2. Untersuchen Sie die folgenden Ebenenpaare auf Identität bzw. Parallelität:

(a) $E_1\colon \vec{x}=\begin{pmatrix}4\\3\\-1\end{pmatrix}+m\begin{pmatrix}1\\-1\\0\end{pmatrix}+n\begin{pmatrix}1\\0\\2\end{pmatrix}$, $E_2\colon \vec{x}=\begin{pmatrix}3\\8\\-4\end{pmatrix}+r\begin{pmatrix}1\\1\\4\end{pmatrix}+s\begin{pmatrix}3\\1\\2\end{pmatrix}$

(b) $E_1\colon \vec{x}=\begin{pmatrix}4\\0\\3\end{pmatrix}+m\begin{pmatrix}1\\1\\2\end{pmatrix}+n\begin{pmatrix}2\\-4\\1\end{pmatrix}$, $E_2\colon \vec{x}=\begin{pmatrix}1\\1\\-1\end{pmatrix}+r\begin{pmatrix}1\\-1\\1\end{pmatrix}+s\begin{pmatrix}3\\-1\\4\end{pmatrix}$

(c) $E_1\colon \vec{x}=\begin{pmatrix}2\\0\\1\end{pmatrix}+m\begin{pmatrix}-1\\1\\1\end{pmatrix}+n\begin{pmatrix}2\\-3\\1\end{pmatrix}$, $E_2\colon \vec{x}=\begin{pmatrix}-1\\0\\2\end{pmatrix}+r\begin{pmatrix}1\\-2\\2\end{pmatrix}+s\begin{pmatrix}-1\\0\\4\end{pmatrix}$

3. Spiegeln Sie um das Zentrum $Z(2/1/-3)$ die Ebenen

(a) E_1: $A(0/1/-1)$, $B(-1/3/-6)$, $C(2/1/2)$

(b) $E_2\colon \vec{x} = \begin{pmatrix} 0 \\ 1 \\ -1 \end{pmatrix} + m \begin{pmatrix} -1 \\ 2 \\ -5 \end{pmatrix} + n \begin{pmatrix} 1 \\ 0 \\ -1 \end{pmatrix}$

Wie liegen jeweils Ebene und Bildebene zueinander?

2.4 Schnitte 1 (Schnitte in Parameterform)

Im folgenden Abschnitt wollen wir systematisch alle Möglichkeiten untersuchen, die sich beim Schnitt von Geraden und Ebenen in Parameterform ergeben; um die Schreibarbeit zu vereinfachen, wollen wir dabei 3 Geraden und 3 Ebenen vorgeben, deren Definition für den gesamten Abschnitt (2.4) (einschließlich der Aufgaben) gilt:

$$g_1\colon \vec{x} = \begin{pmatrix} -4 \\ 10 \\ 9 \end{pmatrix} + k \begin{pmatrix} 3 \\ -6 \\ -7 \end{pmatrix}, \quad g_2\colon \vec{x} = \begin{pmatrix} 4 \\ -1 \\ 2 \end{pmatrix} + k \begin{pmatrix} -2 \\ 4 \\ 6 \end{pmatrix}, \quad g_3\colon \vec{x} = \begin{pmatrix} 1 \\ 0 \\ -2 \end{pmatrix} + k \begin{pmatrix} 1 \\ -2 \\ -3 \end{pmatrix},$$

$$E_1\colon \vec{x} = \begin{pmatrix} -2 \\ 3 \\ 4 \end{pmatrix} + m \begin{pmatrix} 2 \\ 1 \\ -1 \end{pmatrix} + n \begin{pmatrix} -1 \\ 3 \\ 4 \end{pmatrix}, \quad E_2\colon \vec{x} = \begin{pmatrix} 3 \\ 3 \\ 4 \end{pmatrix} + m \begin{pmatrix} 4 \\ -1 \\ 2 \end{pmatrix} + n \begin{pmatrix} 4 \\ -3 \\ -2 \end{pmatrix},$$

$$E_3\colon \vec{x} = \begin{pmatrix} 1 \\ 0 \\ -2 \end{pmatrix} + m \begin{pmatrix} 4 \\ -2 \\ 0 \end{pmatrix} + n \begin{pmatrix} 0 \\ 1 \\ 2 \end{pmatrix}$$

a) Schnitt zweier Geraden in Parameterform im $\mathbb{R}^2/\mathbb{R}^3$:

Der Schnittpunkt $S(\vec{s})$ liegt sowohl auf g ($\vec{s} = \vec{a} + k\vec{u}$ für ein bestimmtes $k \in \mathbb{R}$) als auch auf h ($\vec{s} = \vec{b} + m\vec{v}$ für ein bestimmtes $m \in \mathbb{R}$). Der Schnittpunkt läßt sich also durch den Ansatz $\vec{a} + k\vec{u} = \vec{b} + m\vec{v}$ berechnen.

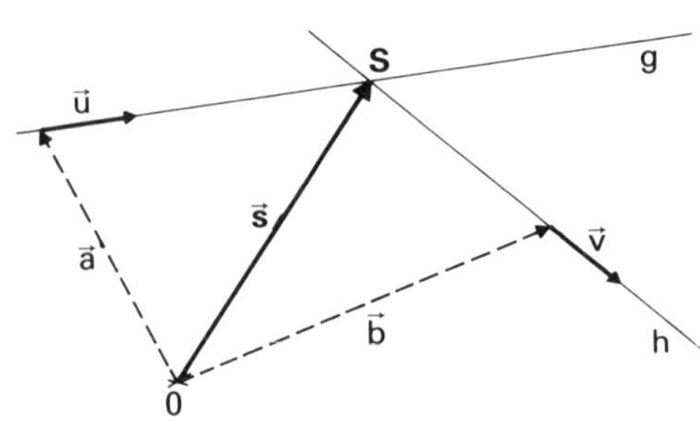

Beispiele:

1. Schnitt von g_1 und g_3 ($g_1 \cap g_3$):

$$\begin{pmatrix}-4\\10\\9\end{pmatrix}+k\begin{pmatrix}3\\-6\\-7\end{pmatrix}=\begin{pmatrix}1\\0\\-2\end{pmatrix}+m\begin{pmatrix}1\\-2\\-3\end{pmatrix}$$

Parameterformen gleichsetzen (Parameter eventuell umbenennen!/Die Werte für k und m sind i.a. nicht gleich!)

$$\begin{cases} 3k-\ \ m=5 \\ -6k+2m=-10 \\ -7k+3m=-11 \end{cases}$$

(1) $m=3k-5$ in (3)

(3) $-7k+3(3k-5)=-11$

$-7k+9k-15=-11$

$2k=4$

$k=2$ in (1)

(1) $m=1$

Probe in (2): $-12+2=-10$ (w)

Gleichungssystem lösen (überbestimmt!/Probe nicht vergessen!/(2.1.c))

$k=2$ in g_1 (oder auch $m=1$ in g_3) einsetzen:

$$\vec{s}=\begin{pmatrix}-4\\10\\9\end{pmatrix}+2\begin{pmatrix}3\\-6\\-7\end{pmatrix}=\begin{pmatrix}2\\-2\\-5\end{pmatrix}$$

Schnittpunkt $S(2/-2/-5)$

Einen der berechneten Parameterwerte in die entsprechende Geradengleichung einsetzen

2. Schnitt von g_1 und g_2 ($g_1 \cap g_2$):

$$\begin{pmatrix}-4\\10\\9\end{pmatrix}+k\begin{pmatrix}3\\-6\\-7\end{pmatrix}=\begin{pmatrix}4\\-1\\2\end{pmatrix}+m\begin{pmatrix}-2\\4\\6\end{pmatrix}$$

$$\begin{cases} 3k+2m=8 \\ -6k-4m=-11 \\ -7k-6m=-7 \end{cases}$$

(1) $m=4-1{,}5k$ in (3)

(3) $-7k-6(4-1{,}5k)=-7$

$-7k-24+9k=-7$

$2k=17$

$k=8{,}5$ in (1)

$m=-8{,}75$

Probe in (2): $-51+35=-11$ (f)

Das Gleichungssystem besitzt keine Lösung, die beiden Geraden schneiden sich also nicht. Das kann zwei Gründe haben: entweder sind g_1 und g_2 parallel oder sie liegen windschief (d. h. sie laufen im Raum mit verschiedenen Richtungen aneinander vorbei – diese Lage gibt es nur im Raum, nicht aber in der Ebene). Da aber $\vec{u}_{g_1} \neq k\vec{u}_{g_2}$ (siehe (2.2.f)), sind die Geraden nicht parallel, sie müssen windschief liegen.

b) Lage zweier Geraden im $\mathbb{R}^2/\mathbb{R}^3$

Neben den eben behandelten Fällen existieren nur noch die Lagemöglichkeiten ‚parallel' oder ‚identisch'; mehr Möglichkeiten gibt es nicht, wie man sich leicht überlegen kann. Um Zeit zu sparen bei der Klärung der Lagebeziehung, empfiehlt es sich, nach dem folgenden Entscheidungsbaum vorzugehen:

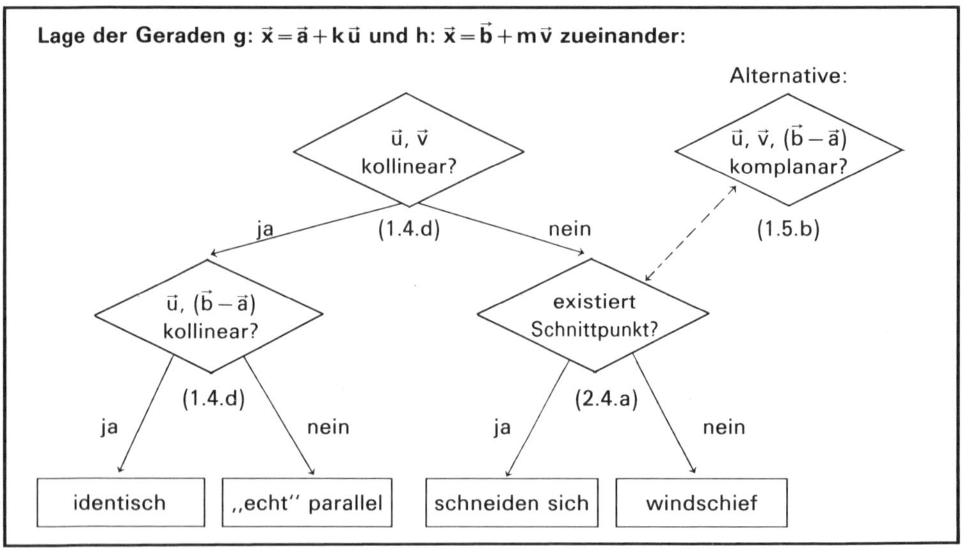

Im $\mathbb{R}^2$ gibt es dabei den letzten Fall ‚windschief' nicht; aus $\vec{u} \neq k\vec{v}$ können Sie hier also sofort ‚Schnittpunkt' folgern.

c) Schnitt von Gerade und Ebene in Parameterform im $\mathbb{R}^3$:

Da $S(\vec{s})$ auf E wie auf g liegt, werden wie bei ‚2 Geraden' die Parameterformen gleichgesetzt.

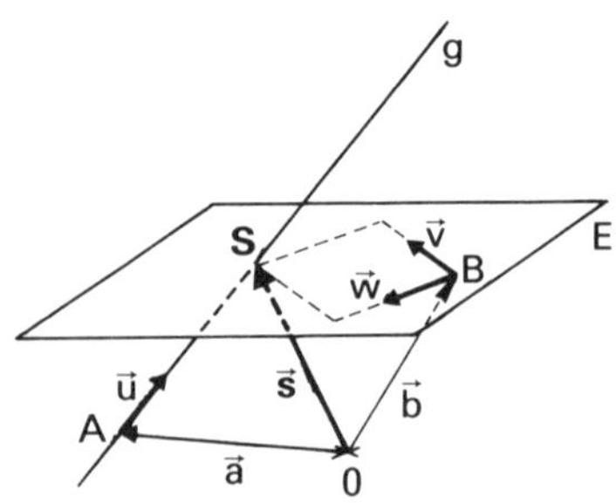

Beispiele:

1. Schnitt von g_1 und E_1 ($g_1 \cap E_1$):

$$\begin{pmatrix}-4\\10\\9\end{pmatrix}+k\begin{pmatrix}3\\-6\\-7\end{pmatrix}=\begin{pmatrix}-2\\3\\4\end{pmatrix}+m\begin{pmatrix}2\\1\\-1\end{pmatrix}+n\begin{pmatrix}-1\\3\\4\end{pmatrix}$$

$$\begin{cases}2m-\ n-3k=-2\\ m+3n+6k=7\\ -m+4n+7k=5\end{cases}$$

Parameterformen gleichsetzen (evtl. Parameter umbenennen!)

$$\begin{array}{rrrr|rrrr}
2 & -1 & -3 & -2 & 2 & -1 & -3 & -2\\
-2 & -6 & -12 & -14 & & -7 & -15 & -16\\
-2 & 8 & 14 & 10 & & 7 & 11 & 8
\end{array}$$

$$\begin{array}{rrrr|l}
2 & -1 & -3 & -2 & \\
 & -7 & -15 & -16 & \\
 & & -4 & -8 & k=2 \Uparrow \begin{pmatrix} m=-1\\ n=-2\end{pmatrix}
\end{array}$$

Gleichungssystem lösen (normalbestimmt/(2.1.b))

Setzen Sie $k=2$ in g_1 ein:

$$\vec{s}=\begin{pmatrix}-4\\10\\9\end{pmatrix}+2\begin{pmatrix}3\\-6\\-7\end{pmatrix}=\begin{pmatrix}2\\-2\\-5\end{pmatrix}$$

Schnittpunkt $S(2/-2/-5)$

Einsetzen des Geradenparameterwerts in die Geradengleichung (umständlicher: m und n in E_1)

2. Schnitt von g_2 mit E_2 ($g_2 \cap E_2$)

$$\begin{pmatrix}4\\-1\\2\end{pmatrix}+k\begin{pmatrix}-2\\4\\6\end{pmatrix}=\begin{pmatrix}3\\3\\4\end{pmatrix}+m\begin{pmatrix}4\\-1\\2\end{pmatrix}+n\begin{pmatrix}4\\-3\\-2\end{pmatrix}$$

$$\begin{cases}4m+4n+2k=1\\ -m-3n-4k=-4\\ 2m-2n-6k=-2\end{cases}$$

$$\begin{array}{rrrr|rrrr|rrrr}
4 & 4 & 2 & 1 & 4 & 4 & 2 & 1 & 4 & 4 & 2 & 1\\
-4 & -12 & -16 & -16 & & -8 & -14 & -15 & & -8 & -14 & -15\\
-4 & 4 & 12 & 4 & & 8 & 14 & 5 & & & & -10 \ \lightning
\end{array}$$

Der Widerspruch $0=-10$ (f) besagt, daß das Gleichungssystem keine Lösung besitzt; g_2 und E_2 liegen also parallel.
(Gerade und Ebene können nicht windschief zueinander liegen!)

d) Lage von Gerade und Ebene im $\mathbb{R}^3$

Liefert das Gleichungssystem unendlich viele Lösungen, so ist die Gerade in der Ebene enthalten. Der vollständige Entscheidungsbaum sieht daher so aus:

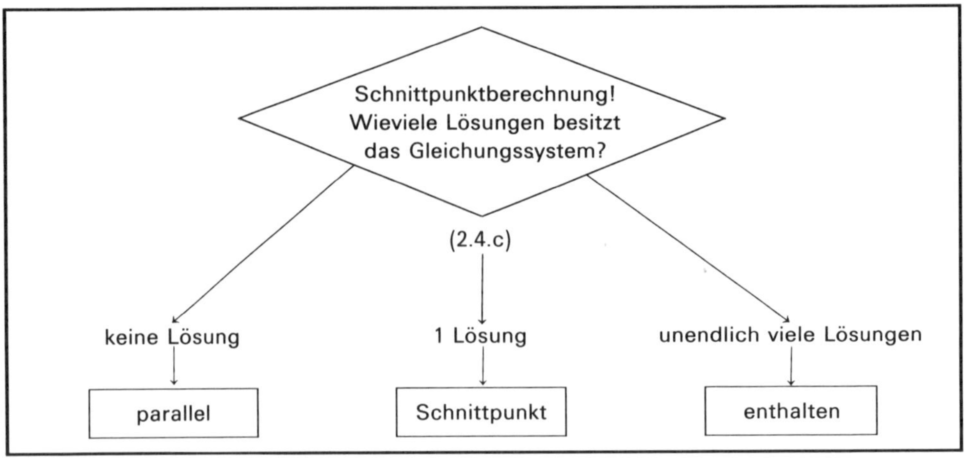

e) Ein Spezialfall des Schnitts von Gerade und Ebene ist der Schnitt einer Geraden mit einer Koordinatenebene; diese Schnittpunkte einer Geraden mit einer Koordinatenebene nennt man **Spurpunkte.** Jede Gerade besitzt mindestens einen und höchstens drei Spurpunkte, falls sie nicht ganz innerhalb einer Koordinatenebene verläuft.

Beispiel:

Spurpunkte von g_3 in der x_2x_3-Ebene

$$\begin{pmatrix}1\\0\\-2\end{pmatrix}+k\begin{pmatrix}1\\-2\\-3\end{pmatrix}=m\begin{pmatrix}0\\1\\0\end{pmatrix}+n\begin{pmatrix}0\\0\\1\end{pmatrix}$$ (2.3.d)

$$\begin{cases} -k=1 \Rightarrow k=-1 \\ m \quad +2k=0 \\ n+3k=-2 \end{cases}$$ (Berechnung des Geradenparameters genügt!)

$$\vec{s}=\begin{pmatrix}1\\0\\-2\end{pmatrix}-\begin{pmatrix}1\\-2\\-3\end{pmatrix}=\begin{pmatrix}0\\2\\1\end{pmatrix}$$

Spurpunkt S(0/2/1)

f) Schnitt zweier Ebenen in Parameterform im $\mathbb{R}^3$:

Wie bei allen vorigen Schnittproblemen werden aus demselben Grund die Parameterformen gleichgesetzt; mögliche Ergebnisse sind ‚parallel', ‚identisch' oder ‚Schnitt in einer Schnittgeraden'.

Beispiel:

Schnitt von E_1 und E_2 ($E_1 \cap E_2$):

$$\begin{pmatrix}-2\\3\\4\end{pmatrix}+m\begin{pmatrix}2\\1\\-1\end{pmatrix}+n\begin{pmatrix}-1\\3\\4\end{pmatrix}=\begin{pmatrix}3\\3\\4\end{pmatrix}+r\begin{pmatrix}4\\-1\\2\end{pmatrix}+s\begin{pmatrix}4\\-3\\-2\end{pmatrix}$$

Parameterformen gleichsetzen (Parameter umbenennen!)

$$\begin{cases} 4r+4s-2m+n=-5 \\ -r-3s-m-3n=0 \\ 2r-2s+m-4n=0 \end{cases}$$

4	4	−2	1	−5
−4	−12	−4	−12	0
−4	4	−2	8	0
4	4	−2	1	−5
	−8	−6	−11	−5
	8	−4	9	−5
4	4	−2	1	−5
	−8	−6	−11	−5
		−10	−2	−10

$$\begin{cases} 4r+4s-2m+n=-5 \\ -8s-6m-11n=-5 \\ -10m-2n=-10 \end{cases}$$

Gleichungssystem lösen (unterbestimmt!/(2.1.d)) **und Beziehung zwischen den Parametern einer Ebene** (m, n bzw. r, s) **berechnen**

Die letzte Gleichung liefert eine Beziehung zwischen den beiden Parametern m und n der Ebene E_1:

$$10m+2n=10$$
$$n=5-5m$$

(Wenn Sie das Anfangssystem so umstellen, daß r und s (statt m und n) in der 3. und 4. Spalte stehen, so liefert die analoge Rechnung eine Beziehung zwischen den Parametern r und s der Ebene E_2)

Diese Beziehung setzen Sie in die passende Ebenengleichung (hier also in E_1) ein; sie liefert die Gleichung der Schnittgerade s:

$$s\colon \vec{x}=\begin{pmatrix}-2\\3\\4\end{pmatrix}+m\begin{pmatrix}2\\1\\-1\end{pmatrix}+(5-5m)\begin{pmatrix}-1\\3\\4\end{pmatrix}$$

$$\vec{x}=\begin{pmatrix}-2\\3\\4\end{pmatrix}+m\begin{pmatrix}2\\1\\-1\end{pmatrix}+5\begin{pmatrix}-1\\3\\4\end{pmatrix}-5m\begin{pmatrix}-1\\3\\4\end{pmatrix}$$

Beziehung in die passende Ebene einsetzen

$$\vec{x}=\begin{pmatrix}-2\\3\\4\end{pmatrix}+\begin{pmatrix}-5\\15\\20\end{pmatrix}+m\left[\begin{pmatrix}2\\1\\-1\end{pmatrix}-5\begin{pmatrix}-1\\3\\4\end{pmatrix}\right]$$

$$\vec{x}=\begin{pmatrix}-7\\18\\24\end{pmatrix}+m\begin{pmatrix}7\\-14\\-21\end{pmatrix}$$

$$s:\ \vec{x}=\begin{pmatrix}-7\\18\\24\end{pmatrix}+m\begin{pmatrix}-1\\2\\3\end{pmatrix}$$

Ergibt sich in der Parameterbeziehung ein Widerspruch (z. B. $0=1$ (f)), so liegen die beiden Ebenen parallel; eine allgemeingültige Aussage der Form $0=0$ (w) bedeutet Identität. Der Entscheidungsbaum sieht also wie folgt aus:

g) Lage zweier Ebenen im $\mathbb{R}^3$

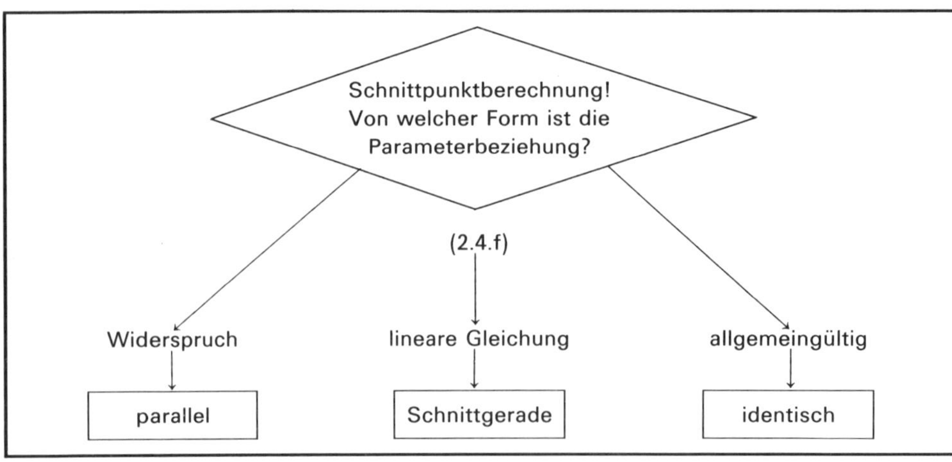

h) In Entsprechung zu den Spurpunkten nennt man die (mindestens 2, höchstens 3) Schnittgeraden einer Ebene mit den Koordinatenebenen **Spurgeraden**. Sie werden wie eben berechnet, die Beziehung zwischen den Parametern der Ebene ergibt sich aber wesentlich einfacher.

Beispiel:

Spurgerade von E_3 in der $x_1 x_2$-Ebene

$$\begin{pmatrix}1\\0\\-2\end{pmatrix}+m\begin{pmatrix}4\\-2\\0\end{pmatrix}+n\begin{pmatrix}0\\1\\2\end{pmatrix}=r\begin{pmatrix}1\\0\\0\end{pmatrix}+s\begin{pmatrix}0\\1\\0\end{pmatrix} \qquad (2.3.d)$$

Die gesuchte Parameterbeziehung steht nun direkt in der Zeile, bei der in der Koordinatenebene alle Komponenten ‚0' sind; hier also in der 3. Zeile:

$$-2+2n=0$$
$$n=1 \qquad \text{in } E_3 \text{ einsetzen:}$$

$$s:\ \vec{x}=\begin{pmatrix}1\\0\\-2\end{pmatrix}+m\begin{pmatrix}4\\-2\\0\end{pmatrix}+1\begin{pmatrix}0\\1\\2\end{pmatrix}$$

$$s:\ \vec{x}=\begin{pmatrix}1\\1\\0\end{pmatrix}+m\begin{pmatrix}2\\-1\\0\end{pmatrix}$$

(Zur Kontrolle: alle 3. Komponenten müssen ‚0' sein, da die Spurgerade ja in der $x_1 x_2$-Ebene verlaufen muß!)

Aufgaben:

1. Welche Lage haben die beiden Geraden zueinander? Falls durch die beiden Geraden eindeutig eine Ebene definiert wird, geben Sie auch die Gleichung dieser Ebene an:

(a) g_2 und g_3

(b) g_1 und h_1: $\vec{x}=\begin{pmatrix}1\\2\\0\end{pmatrix}+k\begin{pmatrix}-1\\2\\3\end{pmatrix}$

(c) g_2 und h_2: $\vec{x}=\begin{pmatrix}0\\7\\14\end{pmatrix}+k\begin{pmatrix}2\\-9\\-19\end{pmatrix}$

(d) g_1 und h_2

(e) g_3 und h_3: $\vec{x}=\begin{pmatrix}-2\\6\\7\end{pmatrix}+k\begin{pmatrix}2\\-4\\-6\end{pmatrix}$

2. Zeigen Sie, daß sich im Dreieck A(−4/3/5) B(6/−3/1) C(7/0/3) alle Schwerlinien in einem Punkt schneiden. Welche Spurpunkte besitzen die 3 Seitenhalbierenden?

3. Welche Lage haben jeweils Gerade und Ebene zueinander?
   (a) g_1 und E_2 (b) h_2 und E_1
   (c) g_3 und E_3 (d) g_2 und E_1
   (e) g_3 und E_1 (f) h_1 und E_3

4. Welche Lage haben die Ebenen jeweils zueinander?
   (a) E_2 und E_3 (b) E_1 und E_3
   (c) $E_4\colon \vec{x}=\begin{pmatrix}4\\0\\3\end{pmatrix}+m\begin{pmatrix}1\\1\\2\end{pmatrix}+n\begin{pmatrix}2\\-4\\1\end{pmatrix}$, $E_5\colon \vec{x}=\begin{pmatrix}1\\1\\-1\end{pmatrix}+r\begin{pmatrix}1\\-1\\1\end{pmatrix}+s\begin{pmatrix}3\\-1\\4\end{pmatrix}$

5. Geben Sie möglichst einfache Gleichungen für die Spurgeraden der Ebenen E_1 und E_2 an.

6. Welche spezielle Lage zu den Koordinatenebenen bzw. Koordinatenachsen besitzen die folgenden Ebenen?
   (a) $E_6\colon \vec{x}=\begin{pmatrix}3\\0\\2\end{pmatrix}+m\begin{pmatrix}1\\0\\3\end{pmatrix}+n\begin{pmatrix}3\\0\\-2\end{pmatrix}$ (b) $E_7\colon \vec{x}=\begin{pmatrix}3\\4\\2\end{pmatrix}+m\begin{pmatrix}0\\2\\3\end{pmatrix}+n\begin{pmatrix}0\\-4\\1\end{pmatrix}$
   (c) $E_8\colon \vec{x}=\begin{pmatrix}-3\\1\\2\end{pmatrix}+m\begin{pmatrix}1\\2\\-1\end{pmatrix}+n\begin{pmatrix}0\\0\\4\end{pmatrix}$ (d) $E_9\colon \vec{x}=\begin{pmatrix}0\\-3\\0\end{pmatrix}+m\begin{pmatrix}0\\5\\0\end{pmatrix}+n\begin{pmatrix}4\\-3\\2\end{pmatrix}$

3. Skalarprodukt

3.1 Definition des Skalarprodukts

In unserer bisher entwickelten Vektorgeometrie fehlt noch alles, was auf irgendeine Art mit dem Problem des Messens, der „Metrik“, zu tun hat: Längen- und Winkelmaße; wir können zwar mit den bisherigen Mitteln feststellen, daß zwei Ebenen parallel zueinander liegen – aber nicht, in welchem Abstand –, daß zwei Geraden sich schneiden – aber nicht, unter welchem Winkel. Das Skalarprodukt – das „Produkt zweier Vektoren“ mit dem Ergebnis „Skalar (Zahl)“ – soll diese Lücke schließen.

a) Wir wollen dabei zunächst von einem physikalischen Problem ausgehen: Ein Leiterwagen wird mit konstanter Kraft F längs eines Weges s gezogen; welche Arbeit wird dabei verrichtet?

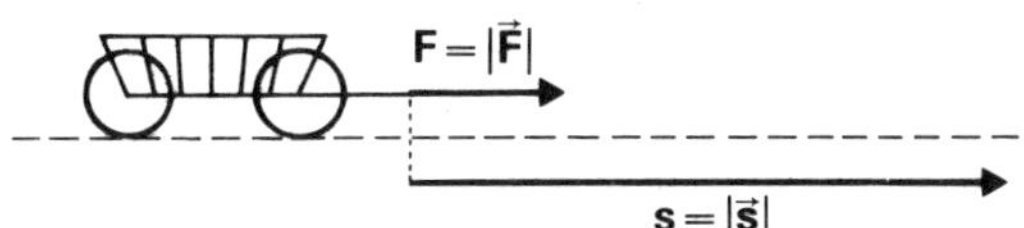

Für den Fall, daß Kraft und Weg gleichgerichtet sind, ist die Antwort ganz einfach: $W = F \cdot s$.
Ganz korrekt ist diese Antwort jedoch nicht: Kraft und Weg sind Vektoren, man müßte also für die Arbeit W schreiben: $W = |\vec{F}| \cdot |\vec{s}|$, wobei $|\vec{F}|$ und $|\vec{s}|$ die Beträge von Kraft und Weg sind.

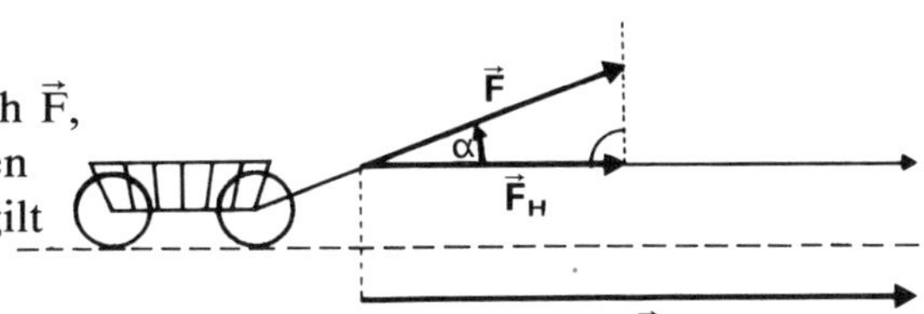

Im Fall, daß Kraft und Weg aber nicht gleichgerichtet sind (und das dürfte der Normalfall sein – wie ziehen Sie einen Wagen?), sieht die Sache etwas anders aus:
Die Fortbewegung wird nicht durch $\vec{F}$, sondern nur durch den horizontalen Anteil $\vec{F}_H$ bewirkt; für die Arbeit gilt also: $W = |\vec{F}_H| \cdot |\vec{s}|$. Nun ist aber $|\vec{F}_H| = |\vec{F}| \cdot \cos\alpha$: $W = |\vec{F}| \cdot \cos\alpha \cdot |\vec{s}|$.
Um zu verdeutlichen, daß die Arbeit ursprünglich von $\vec{F}$ (und nicht von $\vec{F}_H$) erzeugt wurde, schreibt man vektoriell $W = \vec{F} \circ \vec{s}$ **(„Skalarprodukt“)** und erhält damit die Auflösung $W = \vec{F} \circ \vec{s} = |\vec{F}| \cdot |\vec{s}| \cdot \cos\alpha$.

(Der Spezialfall, daß Kraft und Weg gleichgerichtet sind, ist in dieser Definition mit enthalten: $\cos 0° = 1$!)

In Analogie dazu definiert man allgemein für 2 Vektoren das

> **Skalarprodukt der Vektoren $\vec{a}$ und $\vec{b}$:**
>
> $\vec{a} \circ \vec{b} = |\vec{a}| \cdot |\vec{b}| \cdot \cos(\vec{a}, \vec{b})$
>
> In Worten: Das Skalarprodukt zweier Vektoren ist gleich dem (reellen) Produkt der Längen der beiden Vektoren mal dem Cosinuswert des Zwischenwinkels.

Voraussetzung für diese Definition ist, daß das zugrundegelegte Koordinatensystem kartesisch ist, d.h. die Koordinatenachsen senkrecht **(„orthogonal")** aufeinander stehen und die Längeneinheiten auf allen Koordinatenachsen gleich sind **(„normal")**; eine Basis, die ein derartiges Koordinatensystem erzeugt – z.B. im $\mathbb{R}^3$: $\{\vec{e}_1, \vec{e}_2, \vec{e}_3\}$ mit $\vec{e}_1 \perp \vec{e}_2$, $\vec{e}_1 \perp \vec{e}_3$, $\vec{e}_2 \perp \vec{e}_3$ und $|\vec{e}_1| = |\vec{e}_2| = |\vec{e}_3| = 1$ – heißt eine **Orthonormalbasis.**

b) Daß man mit Hilfe dieses Skalarprodukts Längen und Winkel messen kann, müssen wir noch einen Augenblick zurückstellen, denn zunächst brauchen wir die Rechengesetze, denen das Skalarprodukt gehorcht:

1. Es gilt das

   > **Kommutativgesetz** $\vec{a} \circ \vec{b} = \vec{b} \circ \vec{a}$,

   wie man durch Einsetzen der Definition beweist:

   $\vec{a} \circ \vec{b} = |\vec{a}| \cdot |\vec{b}| \cdot \cos(\vec{a}, \vec{b}) = |\vec{b}| \cdot |\vec{a}| \cdot \cos[-(\vec{a}, \vec{b})] = |\vec{b}| \cdot |\vec{a}| \cdot \cos(\vec{b}, \vec{a}) = \vec{b} \circ \vec{a}$

   Für die Längen $|\vec{a}|$ und $|\vec{b}|$ schreibt man oft auch kurz a und b (ohne Pfeil!).

2. $\vec{a} \circ \vec{a} = a \cdot a \cdot \cos(\vec{a}, \vec{a}) = a^2 \cdot \cos 0° = a^2 \cdot 1 = a^2$

   Für $\vec{a} \circ \vec{a}$ schreibt man in Analogie zum Reellen auch $\vec{a}^2$
   (Vorsicht: $\vec{a}^2$ ist das Skalarprodukt des Vektors mit sich selbst, a^2 hingegen das reelle Quadrat der Länge des Vektors $\vec{a}$; beides wird leicht verwechselt!); damit erhält man

   > $\vec{a}^2 = a^2$.

   Zwei weitere Gesetzmäßigkeiten ohne Beweis:

3.	**gemischtes Assoziativgesetz:**	$(k \cdot \vec{a}) \circ \vec{b} = k \cdot (\vec{a} \circ \vec{b}) = \vec{a} \circ (k \cdot \vec{b})$ $(k \in \mathbb{R})$
4.	**Distributivgesetz:**	$\vec{a} \circ (\vec{b} + \vec{c}) = \vec{a} \circ \vec{b} + \vec{a} \circ \vec{c}$

Aus diesem Gesetz zusammen mit dem Kommutativgesetz folgt damit die

Gültigkeit der binomischen Formeln

c) Man kann mit dem Skalarprodukt also fast wie in den reellen Zahlen rechnen – aber nur fast, wie folgende **Besonderheiten** verdeutlichen:

1. Das Assoziativgesetz ist falsch: $(\vec{a} \circ \vec{b}) \circ \vec{c} \neq \vec{a} \circ (\vec{b} \circ \vec{c})$.
(Das Ergebnis jeder Klammer ist eine reelle Zahl, und die darauf folgende Operation ‚Vektor ∘ Zahl' ist überhaupt nicht definiert; auch wenn man einen Teil der Skalarprodukte durch ein reelles ‚mal' ersetzt, klappt es nicht: $(\vec{a} \circ \vec{b}) \cdot \vec{c} \neq \vec{a} \cdot (\vec{b} \circ \vec{c})$, denn links steht dann ein Vektor in der Richtung von $\vec{c}$ und rechts einer in Richtung von $\vec{a}$.)

2. $(\vec{a} \circ \vec{b})^2 \neq \vec{a}^2 \cdot \vec{b}^2$, wie folgende Rechnung zeigt:
$(\vec{a} \circ \vec{b})^2 = (\vec{a} \circ \vec{b}) \cdot (\vec{a} \circ \vec{b}) = [a \cdot b \cdot \cos(\vec{a}, \vec{b})] \cdot [a \cdot b \cdot \cos(\vec{a}, \vec{b})] = a^2 \cdot b^2 \cdot [\cos(\vec{a}, \vec{b})]^2$.
Andererseits ist aber nach (3.1.b.2) $\vec{a}^2 \cdot \vec{b}^2 = a^2 \cdot b^2$!

3. Die Tatsache, daß es zur reellen Multiplikation eine Umkehroperation ‚Division' gibt, hat keine Entsprechung beim Skalarprodukt: **eine Division durch einen Vektor gibt es nicht!!**
(Man kann nämlich zeigen, daß die Gleichung $\vec{x} \circ \vec{a} = b$ ($b \in \mathbb{R}$) für fest vorgegebene $\vec{a}$ und b unendlich viele verschiedene Lösungen $\vec{x}$ besitzt; eine eindeutige „Divisionsauflösung" der Form $\vec{x} = \dots$ ist daher nicht möglich.)

d) Das Skalarprodukt besitzt natürlich auch **geometrische Bedeutungen:**

1. **Senkrechte Projektion**
Nach der Definition ist

$\vec{a} \circ \vec{b} = a \cdot b \cdot \cos\alpha = a \cdot (b \cdot \cos\alpha) = a \cdot p_a$

($b \cdot \cos\alpha$ ist gerade die Länge p_a der Projektion des Vektors $\vec{b}$ senkrecht auf den Vektor $\vec{a}$; ebenso auch umgekehrt:)

$\vec{a} \circ \vec{b} = a \cdot b \cdot \cos\alpha = b \cdot (a \cdot \cos\alpha) = b \cdot p_b$

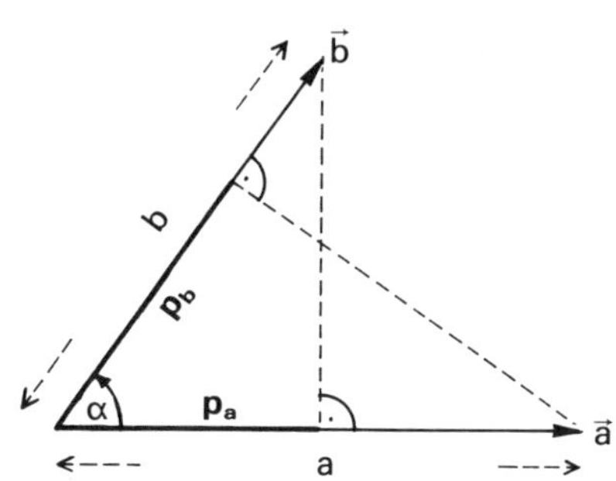

Man kann diesen Sachverhalt also so formulieren:

Skalarprodukt = ‚Vektorlänge' mal ‚Projektionslänge senkrecht auf diesen Vektor'

2. Indem man die obigen Gleichungen durch die (reellen!) Längen a bzw. b dividiert, kann man also ganz einfach die **Längen der senkrechten Projektionen** ausrechnen:

$$p_a = \frac{\vec{a} \circ \vec{b}}{a} \quad \text{bzw.} \quad p_b = \frac{\vec{a} \circ \vec{b}}{b}$$

3. Die mit weitem Abstand wichtigste Anwendung aber ist der Fall, daß $\vec{a} \circ \vec{b} = 0$ wird:

$\vec{a} \circ \vec{b} = 0 \Leftrightarrow a \cdot b \cdot \cos(\vec{a}, \vec{b}) = 0 \Leftrightarrow a = 0 \vee b = 0 \vee \cos(\vec{a}, \vec{b}) = 0$

Schließt man a = 0 bzw. b = 0 aus (in diesem Fall müßte ja $\vec{a}$ bzw. $\vec{b}$ der Nullvektor sein!), so bleibt ein Fall übrig:

$\cos(\vec{a}, \vec{b}) = 0 \Leftrightarrow \sphericalangle(\vec{a}, \vec{b}) = 90° \vee \sphericalangle(\vec{a}, \vec{b}) = 270° \Leftrightarrow \vec{a} \perp \vec{b}$

Wir erhalten also:

$$\vec{a} \circ \vec{b} = 0 \Leftrightarrow \vec{a} \perp \vec{b} \quad (\vec{a} \neq \vec{0} \neq \vec{b})$$

Dieser Satz hat keine Entsprechung im Reellen.

e) Beispiele:

① Für 2 Vektoren $\vec{a}$ und $\vec{b}$ mit a = 4 LE, b = 2 LE und $\sphericalangle(\vec{a}, \vec{b}) = 60°$ gilt:

$\vec{a} \circ \vec{b} = 4 \cdot 2 \cdot \cos 60° = 4 \cdot 2 \cdot \frac{1}{2} = 4$

Daraus lassen sich die Projektionslängen ganz einfach berechnen zu

$p_a = \frac{4}{4} = 1$ LE bzw. $p_b = \frac{4}{2} = 2$ LE.

② Gilt für dieselben Vektoren $\sphericalangle(\vec{a}, \vec{b}) = 120°$, so erhält man analog

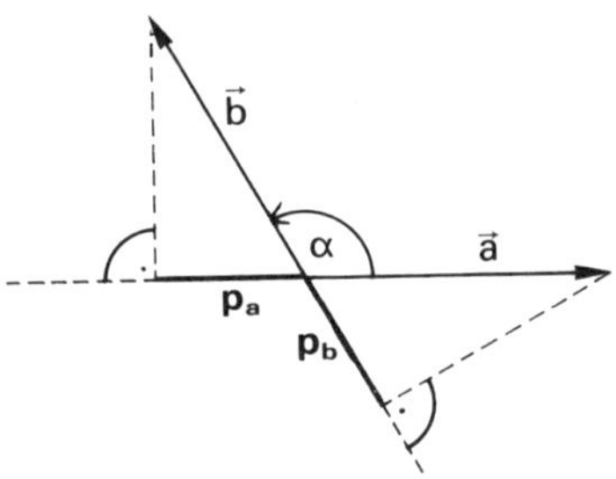

$\vec{a} \circ \vec{b} = 4 \cdot 2 \cdot \left(-\frac{1}{2}\right) = -4,$

$p_a = \frac{-4}{4} = -1, \quad p_b = \frac{-4}{2} = -2.$

(Das Minuszeichen bei den Projektionslängen besagt, daß p_a und p_b nicht auf $\vec{a}$ und $\vec{b}$, sondern auf den Gegenvektoren $-\vec{a}$ und $-\vec{b}$ verlaufen; falls nur die absolute Länge von p_a und p_b interessiert, berechnen Sie $|p_a| = 1$ LE und $|p_b| = 2$ LE.)

③ Da die Länge eines Vektors immer positiv ist, hängt das Vorzeichen des Skalarprodukts, wie Sie eben sahen, nur vom Cosinuswert des Zwischenwinkels α ab; es gilt also:

$$\vec{a} \circ \vec{b} > 0 \Leftrightarrow 0° \leq \alpha < 90°$$
$$\vec{a} \circ \vec{b} < 0 \Leftrightarrow 90° < \alpha \leq 180° \qquad (0° \leq \alpha \leq 180°)$$

(Für $180° \leq \alpha \leq 360°$ nimmt man den Nebenwinkel!)

④ Der Satz des Pythagoras ist vektoriell ganz einfach zu beweisen:

$\vec{c} = \vec{a} + \vec{b}$ und $\vec{a} \circ \vec{b} = 0$

$$\vec{c}^2 = (\vec{a} + \vec{b})^2 \qquad (3.1.b.4)$$
$$= \vec{a}^2 + 2 \cdot \vec{a} \circ \vec{b} + \vec{b}^2 \qquad (3.1.d.3)$$
$$= \vec{a}^2 + \vec{b}^2$$

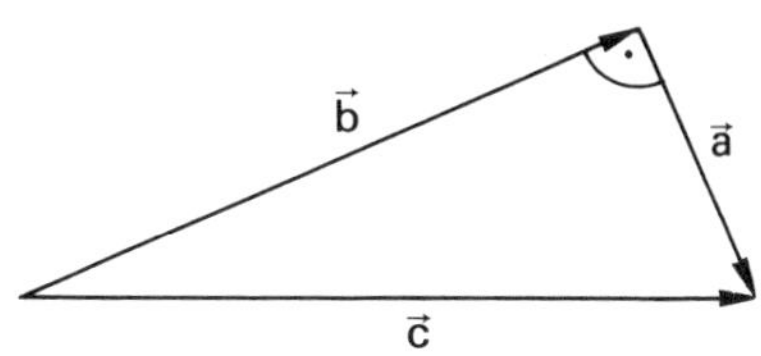

Nach (3.1.b.2) ist damit $c^2 = a^2 + b^2$.

f) Um das Skalarprodukt nun in der Vektorgeometrie anwenden zu können, fehlt uns noch ein letzter, aber entscheidender Schritt: Wie berechnet man das Skalarprodukt von 2 Vektoren, die in ihren Komponenten gegeben sind?

Dazu müssen wir uns an (1.5.d) zurückerinnern, daß $\vec{a} = \begin{pmatrix} a_1 \\ a_2 \\ a_3 \end{pmatrix}$ nur die Abkürzung für $\vec{a} = a_1\vec{e}_1 + a_2\vec{e}_2 + a_3\vec{e}_3$ ist. Unter der Voraussetzung, daß $\{\vec{e}_1, \vec{e}_2, \vec{e}_3\}$ eine Orthonormalbasis bilden (daß also $\vec{e}_1 \circ \vec{e}_2 = \vec{e}_1 \circ \vec{e}_3 = \vec{e}_2 \circ \vec{e}_3 = 0$ und $|\vec{e}_1| = |\vec{e}_2| = |\vec{e}_3| = 1$ ist), gilt dann:

$$\begin{pmatrix} a_1 \\ a_2 \\ a_3 \end{pmatrix} \circ \begin{pmatrix} b_1 \\ b_2 \\ b_3 \end{pmatrix} = (a_1\vec{e}_1 + a_2\vec{e}_2 + a_3\vec{e}_3) \circ (b_1\vec{e}_1 + b_2\vec{e}_2 + b_3\vec{e}_3) \qquad (3.1.b.4)$$
$$= a_1 b_1 \vec{e}_1^2 + a_2 b_1 \vec{e}_1 \circ \vec{e}_2 + \ldots + a_2 b_3 \vec{e}_2 \circ \vec{e}_3 + a_3 b_3 \vec{e}_3^2 \qquad (\text{„orthogonal"})$$
$$= a_1 b_1 \vec{e}_1^2 + a_2 b_2 \vec{e}_2^2 + a_3 b_3 \vec{e}_3^2 \qquad (\text{„normal"})$$
$$= a_1 b_1 + a_2 b_2 + a_3 b_3$$

Skalarprodukt zweier Vektoren in Komponenten

- im $\mathbb{R}^2$: $\begin{pmatrix} a_1 \\ a_2 \end{pmatrix} \circ \begin{pmatrix} b_1 \\ b_2 \end{pmatrix} = a_1 \cdot b_1 + a_2 \cdot b_2$

- im $\mathbb{R}^3$: $\begin{pmatrix} a_1 \\ a_2 \\ a_3 \end{pmatrix} \circ \begin{pmatrix} b_1 \\ b_2 \\ b_3 \end{pmatrix} = a_1 \cdot b_1 + a_2 \cdot b_2 + a_3 \cdot b_3$

g) Beispiele:

① Das Skalarprodukt der beiden Vektoren $\vec{a} = \begin{pmatrix} -2 \\ 1 \\ 3 \end{pmatrix}$ und $\vec{b} = \begin{pmatrix} 3 \\ 4 \\ 2 \end{pmatrix}$ ist

$$\vec{a} \circ \vec{b} = \begin{pmatrix} -2 \\ 1 \\ 3 \end{pmatrix} \circ \begin{pmatrix} 3 \\ 4 \\ 2 \end{pmatrix} = (-2) \cdot 3 + 1 \cdot 4 + 3 \cdot 2 = -6 + 4 + 6 = 4$$

② Für $\vec{u} = \begin{pmatrix} 2 \\ -3 \end{pmatrix}$ und $\vec{v} = \begin{pmatrix} -3 \\ 0 \end{pmatrix}$ ist $\vec{u} \circ \vec{v} = \begin{pmatrix} 2 \\ -3 \end{pmatrix} \circ \begin{pmatrix} -3 \\ 0 \end{pmatrix} = 2 \cdot (-3) + (-3) \cdot 0 = -6$

③ Die beiden Vektoren $\vec{u} = \begin{pmatrix} 5 \\ 1 \\ 9 \end{pmatrix}$ und $\vec{v} = \begin{pmatrix} 2 \\ 8 \\ -2 \end{pmatrix}$ stehen aufeinander senkrecht, denn

$$\vec{u} \circ \vec{v} = \begin{pmatrix} 5 \\ 1 \\ 9 \end{pmatrix} \circ \begin{pmatrix} 2 \\ 8 \\ -2 \end{pmatrix} = 10 + 8 - 18 = 0$$

④ Welcher Vektor $\vec{a} = \begin{pmatrix} 3 \\ a_2 \end{pmatrix}$ steht senkrecht auf $\vec{b} = \begin{pmatrix} -2 \\ 3 \end{pmatrix}$?

$$\vec{a} \circ \vec{b} = \begin{pmatrix} 3 \\ a_2 \end{pmatrix} \circ \begin{pmatrix} -2 \\ 3 \end{pmatrix} = -6 + 3\,a_2 = 0 \Rightarrow a_2 = 2 \Rightarrow \underline{\vec{a} = \begin{pmatrix} 3 \\ 2 \end{pmatrix}}$$

Aufgaben:

Gegeben sind die 3 Vektoren $\vec{a} = \begin{pmatrix} 4 \\ -2 \\ 4 \end{pmatrix}$, $\vec{b} = \begin{pmatrix} 2 \\ 2 \\ -1 \end{pmatrix}$, $\vec{c} = \begin{pmatrix} 3 \\ -6 \\ -6 \end{pmatrix}$.

1. (a) Zeigen Sie, daß alle Vektoren paarweise aufeinander senkrecht stehen. Wie liegen die 3 Vektoren daher in Raum?

(b) Wie liegen die Vektoren $\vec{d} = \begin{pmatrix} 3 \\ 2 \\ -6 \end{pmatrix}$ und $\vec{e} = \begin{pmatrix} 7 \\ 4 \\ -4 \end{pmatrix}$ bezüglich $\vec{a}$, $\vec{b}$ und $\vec{c}$: schließen sie mit ihnen spitze oder stumpfe Winkel ein?

2. (a) Welche Komponenten muß der Vektor $\vec{f} = \begin{pmatrix} 3 \\ f_2 \\ 2 \end{pmatrix}$ besitzen, damit er auf $\vec{b}$ senkrecht steht?

(b) Welche Komponenten muß der Vektor $\vec{g} = \begin{pmatrix} g_1 \\ g_2 \\ 1 \end{pmatrix}$ besitzen, damit er sowohl auf $\vec{d}$ als auch auf $\vec{e}$ senkrecht steht?

3. (a) Für welche f_2 bilden $\vec{f}$ (aus 2. (a)) und $\vec{a}$ einen stumpfen Winkel?
(b) Für welche f_2 bildet $\vec{f}$ (aus 2. (a)) mit $\vec{b}$ und $\vec{c}$ gleichzeitig einen spitzen/stumpfen Winkel?

3.2 Längenmessung

a) Die **Länge eines Vektors** $\vec{a}$ läßt sich nun mit den entwickelten Formeln ohne Probleme bestimmen: Nach (3.1.b.2) ist $a^2 = \vec{a}^2$, also ist

$$a = \sqrt{\vec{a}^2} = \sqrt{\begin{pmatrix} a_1 \\ a_2 \\ a_3 \end{pmatrix} \circ \begin{pmatrix} a_1 \\ a_2 \\ a_3 \end{pmatrix}} = \sqrt{a_1^2 + a_2^2 + a_3^2}$$

(im $\mathbb{R}^2$ entfällt natürlich die letzte Komponente a_3)

Länge des Vektors $\vec{a}$

- im $\mathbb{R}^2$: $a = \left|\begin{pmatrix} a_1 \\ a_2 \end{pmatrix}\right| = \sqrt{a_1^2 + a_2^2}$
- im $\mathbb{R}^3$: $a = \left|\begin{pmatrix} a_1 \\ a_2 \\ a_3 \end{pmatrix}\right| = \sqrt{a_1^2 + a_2^2 + a_3^2}$

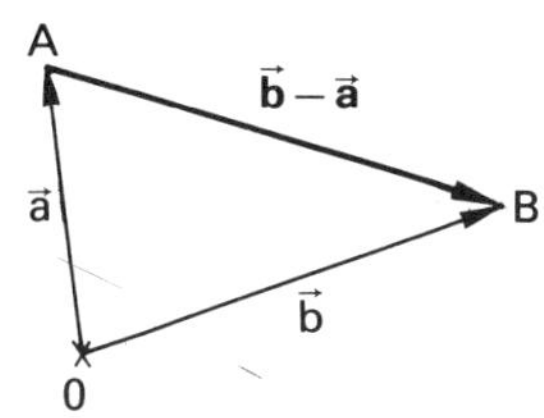

b) Auf dieselbe Art berechnet man die **Entfernung der beiden Punkte A($\vec{a}$) und B($\vec{b}$)**: d(A, B) bzw. (was dasselbe ist) die **Länge der Strecke $\overline{AB}$**:

$$d(A, B) = \overline{AB} = |\vec{b} - \vec{a}| = \sqrt{(\vec{b} - \vec{a}) \circ (\vec{b} - \vec{a})} = \sqrt{\begin{pmatrix} b_1 - a_1 \\ b_2 - a_2 \\ b_3 - a_3 \end{pmatrix} \circ \begin{pmatrix} b_1 - a_1 \\ b_2 - a_2 \\ b_3 - a_3 \end{pmatrix}}$$

$$= \sqrt{(b_1 - a_1)^2 + (b_2 - a_2)^2 + (b_3 - a_3)^2}$$

> **Entfernung zweier Punkte $A(\vec{a})$ und $B(\vec{b})$: $d(A, B)$/ Streckenlänge $\overline{AB}$:**
>
> - **im $\mathbb{R}^2$:** $d(A, B) = \overline{AB} = \sqrt{(b_1 - a_1)^2 + (b_2 - a_2)^2}$
> - **im $\mathbb{R}^3$:** $d(A, B) = \overline{AB} = \sqrt{(b_1 - a_1)^2 + (b_2 - a_2)^2 + (b_3 - a_3)^2}$

c) Beispiele:

① Die Länge der Vektoren $\vec{a} = \begin{pmatrix} 4 \\ -3 \\ 12 \end{pmatrix}$ und $\vec{b} = \begin{pmatrix} -6 \\ -8 \\ 0 \end{pmatrix}$ beträgt

$\underline{a} = \sqrt{4^2 + (-3)^2 + 12^2} = \sqrt{169} = \underline{13 \text{ LE}}$, $\quad \underline{b} = \sqrt{(-6)^2 + (-8)^2 + 0^2} = \sqrt{100} = \underline{10 \text{ LE}}$

② Der Abstand der beiden Punkte $A(3/-1/-4)$ und $B(1/-7/5)$ beträgt

$\underline{d(A, B)} = \sqrt{(1-3)^2 + [-7-(-1)]^2 + [5-(-4)]^2} = \sqrt{4 + 36 + 81} = \sqrt{121} = \underline{11 \text{ LE}}$

③ Zeigen Sie, daß der Punkt $M(2/1)$ der Umkreismittelpunkt des Dreiecks $A(-3/-11)$ $B(14/-4)$ $C(7/13)$ ist.

M muß als Umkreismittelpunkt denselben Abstand zu den einzelnen Dreieckspunkten (= Umkreisradius) haben:

$\underline{\overline{AM}} = \sqrt{(-3-2)^2 + (-11-1)^2} = \sqrt{25 + 144} = \underline{13 \text{ LE}}$

$\underline{\overline{BM}} = \sqrt{(14-2)^2 + (-4-1)^2} = \sqrt{144 + 25} = \underline{13 \text{ LE}}$

$\underline{\overline{CM}} = \sqrt{(7-2)^2 + (13-1)^2} = \sqrt{25 + 144} = \underline{13 \text{ LE}}$

④ Welche Punkte auf der Geraden $g\colon \vec{x} = \begin{pmatrix} 3 \\ 1 \\ -5 \end{pmatrix} + k \begin{pmatrix} 2 \\ 1 \\ -2 \end{pmatrix}$ haben vom Punkt $P(4/-2/-1)$ den Abstand $\sqrt{53}$ LE?

Lösen Sie die Gerade g in Einzelpunktform (2.2.a) auf:

$P_g(3+2k/1+k/-5-2k)$; der Ansatz ist dann: $d(P, P_g)=\sqrt{53}$:

$$\sqrt{(3+2k-4)^2+(1+k+2)^2+(-5-2k+1)^2}=\sqrt{53} \quad |^2$$
$$(-1+2k)^2+(3+k)^2+(-4-2k)^2=53$$
$$1-4k+4k^2+9+6k+k^2+16+16k+4k^2=53$$
$$9k^2+18k-27=0$$
$$k^2+2k-3=0$$
$$k_1=-3 \vee k_2=1$$

$k_1=-3$ in P_g: $\underline{P_1(-3/-2/1)}$

$k_2=1$ in P_g: $\underline{P_2(5/2/-7)}$

(Für die Rechnung spielt es überhaupt keine Rolle, ob P auf g liegt oder nicht!)

⑤ *Lot von einem Punkt auf eine Gerade im $\mathbb{R}^3$/Abstand Punkt-Gerade im $\mathbb{R}^3$*

Fällen Sie das Lot vom Punkt P(5/4,5/9) auf die Gerade g: $\vec{x}=\begin{pmatrix}3\\1\\-2\end{pmatrix}+k\begin{pmatrix}-1\\2\\2\end{pmatrix}$.

Geben Sie die Gleichung der Lotgeraden 1, die Koordinaten des Lotfußpunktes F sowie den Abstand d(P, g) des Punktes P von der Geraden g an.

Wir lösen g wieder in Einzelpunktform auf: $P_g(3-k/1+2k/-2+2k)$ und können damit allgemein den Vektor $\overrightarrow{PP}_g$ berechnen:

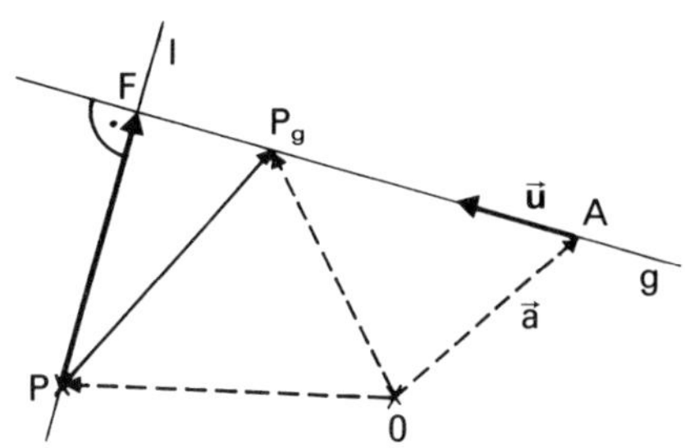

$$\overrightarrow{PP}_g=\overrightarrow{0P}_g-\overrightarrow{0P}=\begin{pmatrix}3-k\\1+2k\\-2+2k\end{pmatrix}-\begin{pmatrix}5\\4,5\\9\end{pmatrix}$$
$$=\begin{pmatrix}-2-k\\-3,5+2k\\-11+2k\end{pmatrix}$$

Der Lotvektor $\overrightarrow{PF}$ ist nun ein spezieller Vektor $\overrightarrow{PP}_g$ (für ein ganz bestimmtes $k\in\mathbb{R}$), der zusätzlich noch auf der Geraden g, d.h. auf dem Richtungsvektor $\vec{u}$ der Geraden g, senkrecht steht:

$$\overrightarrow{PP}_g\circ\vec{u}=0$$
$$\begin{pmatrix}-2-k\\-3,5+2k\\-11+2k\end{pmatrix}\circ\begin{pmatrix}-1\\2\\2\end{pmatrix}=0$$

$$(-1)(-2-k)+2(-3{,}5+2k)+2(-11+2k)=0$$
$$2+k-7+4k-22+4k=0$$
$$9k=27$$
$$k=3$$

k = 3 in g eingesetzt ergibt den Lotfußpunkt F(0/7/4).

Der Abstand des Punktes P zur Geraden g ist dann

$d(P, g) = d(P, F) = \sqrt{25+6{,}25+25} = \sqrt{56{,}25} = 7{,}5$ LE.

Für die Gleichung der Lotgeraden l kann man $\overrightarrow{0F}$ als Stützvektor ($\overrightarrow{0F}$ ist einfacher als $\overrightarrow{0P}$!) und $\overrightarrow{PF}$ als Richtungsvektor verwenden (k = 3 in $\overrightarrow{PP}_g$ einsetzen!):

$$\overrightarrow{PF} = \begin{pmatrix} -5 \\ 2{,}5 \\ -5 \end{pmatrix} = (-2{,}5)\begin{pmatrix} 2 \\ -1 \\ 2 \end{pmatrix} \qquad l\colon \vec{x} = \begin{pmatrix} 0 \\ 7 \\ 4 \end{pmatrix} + k\begin{pmatrix} 2 \\ -1 \\ 2 \end{pmatrix}$$

⑥ *Abstand zweier paralleler Geraden im* $\mathbb{R}^3$

Welchen Abstand haben die beiden Geraden g: $\vec{x} = \begin{pmatrix} 3 \\ 1 \\ -2 \end{pmatrix} + k\begin{pmatrix} -1 \\ 2 \\ 2 \end{pmatrix}$

und h: $\vec{x} = \begin{pmatrix} 5 \\ 4{,}5 \\ 9 \end{pmatrix} + m\begin{pmatrix} 2 \\ -4 \\ -4 \end{pmatrix}$ voneinander?

Die beiden Geraden sind parallel, denn $\begin{pmatrix} -1 \\ 2 \\ 2 \end{pmatrix} = \left(-\frac{1}{2}\right)\begin{pmatrix} 2 \\ -4 \\ -4 \end{pmatrix}$ und

$\begin{pmatrix} 5 \\ 4{,}5 \\ 9 \end{pmatrix} - \begin{pmatrix} 3 \\ 1 \\ -2 \end{pmatrix} = \begin{pmatrix} 2 \\ 3{,}5 \\ 11 \end{pmatrix} \neq k\begin{pmatrix} -1 \\ 2 \\ 2 \end{pmatrix}$ (siehe (2.2.f)).

Zwei parallele Geraden haben überall denselben Abstand; Sie wählen also einen beliebigen Punkt P auf einer Geraden (z. B. den Stützpunkt von h: P(5/4,5/9)) und berechnen seinen Abstand zur anderen Geraden (hier also zu g) wie im Beispiel ⑤.

⑦ *Gemeinsames Lot zweier windschiefer Geraden im* $\mathbb{R}^3$*/Abstand zweier windschiefer Geraden mit Berechnung der Lotfußpunkte*

Die beiden Geraden g: $\vec{x} = \begin{pmatrix} -2 \\ 4 \\ 1 \end{pmatrix} + k\begin{pmatrix} 3 \\ -2 \\ -2 \end{pmatrix}$ und h: $\vec{x} = \begin{pmatrix} 3 \\ 3 \\ 7 \end{pmatrix} + k\begin{pmatrix} 0 \\ 2 \\ 1 \end{pmatrix}$ sind windschief. Berechnen Sie die Fußpunkte des gemeinsamen Lotes, die Gleichung der gemeinsamen Lotgeraden sowie den Abstand der beiden windschiefen Geraden.

Wir lösen (analog zu Beispiel ⑤) beide Geraden in ihre Einzelpunktformen auf (Parameter ändern!):

$P_g(-2+3k/4-2k/1-2k)$,
$P_h(3/3+2m/7+m)$

und berechnen allgemein den Vektor

$$\overrightarrow{P_gP_h} = \begin{pmatrix} 3 \\ 3+2m \\ 7+m \end{pmatrix} - \begin{pmatrix} -2+3k \\ 4-2k \\ 1-2k \end{pmatrix} = \begin{pmatrix} 5-3k \\ -1+2k+2m \\ 6+2k+m \end{pmatrix}$$

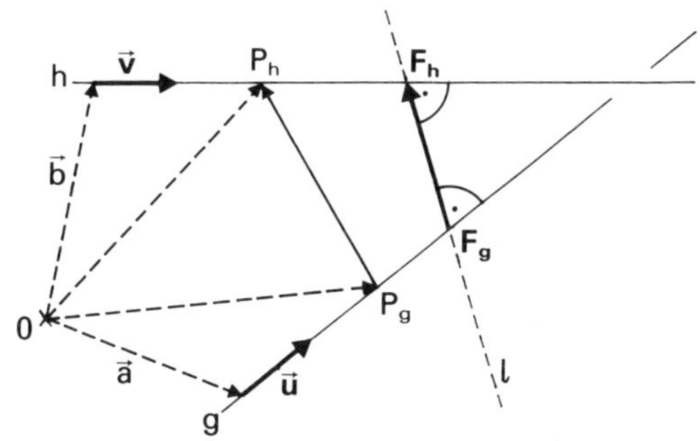

Das gemeinsame Lot $\overline{F_gF_h}$ zeichnet sich gerade dadurch aus, daß es sowohl auf dem Richtungsvektor $\vec{u}$ von g als auch auf dem Richtungsvektor $\vec{v}$ von h senkrecht steht:

$$\begin{cases} \overrightarrow{P_gP_h} \circ \vec{u} = 0 \\ \overrightarrow{P_gP_h} \circ \vec{v} = 0 \end{cases}$$

$$\begin{cases} \begin{pmatrix} 5-3k \\ -1+2k+2m \\ 6+2k+m \end{pmatrix} \circ \begin{pmatrix} 3 \\ -2 \\ -2 \end{pmatrix} = 0 \\ \begin{pmatrix} 5-3k \\ -1+2k+2m \\ 6+2k+m \end{pmatrix} \circ \begin{pmatrix} 0 \\ 2 \\ 1 \end{pmatrix} = 0 \end{cases}$$

$$\begin{cases} 3(5-3k)-2(-1+2k+2m)-2(6+2k+m) = 0 \\ 0(5-3k)+2(-1+2k+2m)+1(6+2k+m) = 0 \end{cases}$$

$$\begin{cases} 15-9k+2-4k-4m-12-4k-2m = 0 \\ -2+4k+4m+6+2k+m = 0 \end{cases}$$

$$\begin{cases} -17k-6m = -5 & |\cdot 5 \\ 6k+5m = -4 & |\cdot 6 \end{cases} \qquad (2.1.a.3)$$

$$\begin{cases} -85k-30m = -25 \\ 36k+30m = -24 \end{cases}$$

$$-49k = -49$$

$$k = 1 \mapsto m = -2$$

$k=1$ in P_g: $\underline{F_g(1/2/-1)}$

$m=-2$ in P_h: $\underline{F_h(3/-1/5)}$

Die Gleichung der Lotgerade ist dann (nach (2.2.c)) l: $\vec{x} = \begin{pmatrix} 1 \\ 2 \\ -1 \end{pmatrix} + k \begin{pmatrix} 2 \\ -3 \\ 6 \end{pmatrix}$, für den Abstand gilt: $\underline{d(g, h)} = d(F_g, F_h) = \sqrt{4+9+36} = \underline{7\ \text{LE}}$.

⑧ *Achsenspiegelung*

Spiegeln Sie den Punkt P(5/4,5/9) um die Spiegelachse

$$g: \vec{x} = \begin{pmatrix} 3 \\ 1 \\ -2 \end{pmatrix} + k \begin{pmatrix} -1 \\ 2 \\ 2 \end{pmatrix}.$$

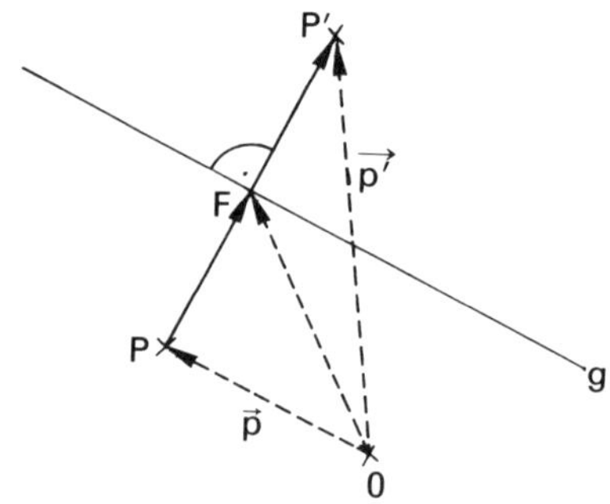

Wir fällen das Lot von P auf g und berechnen den Lotfußpunkt F(0/7/4) exakt nach (3.2.c.5). Die Koordinaten von P′ erhält man dann über eine einfache Vektorkette

$$\vec{p'} = \vec{p} + 2\overrightarrow{PF} = \begin{pmatrix} 5 \\ 4{,}5 \\ 9 \end{pmatrix} + 2\left[\begin{pmatrix} 0 \\ 7 \\ 4 \end{pmatrix} - \begin{pmatrix} 5 \\ 4{,}5 \\ 9 \end{pmatrix}\right] = \begin{pmatrix} -5 \\ 9{,}5 \\ -1 \end{pmatrix}$$

$\underline{P'(-5/9{,}5/-1)}$

Anmerkung: Die Aufgabe, eine Gerade h um eine Achse g zu spiegeln, lösen Sie ähnlich: Sie spiegeln 2 verschiedene Punkte P und Q der Geraden h um die Spiegelachse g (2 getrennte Rechnungen nach ⑧) und verbinden diese beiden Spiegelpunkte P′ und Q′ (2.2.c). Haben Sie bereits den Schnittpunkt S von Gerade und Spiegelachse, so können Sie die Rechnung wesentlich verkürzen, wenn Sie beachten, daß S ein Fixpunkt der Spiegelung ist und daher auch der gespiegelten Geraden h′ angehört.

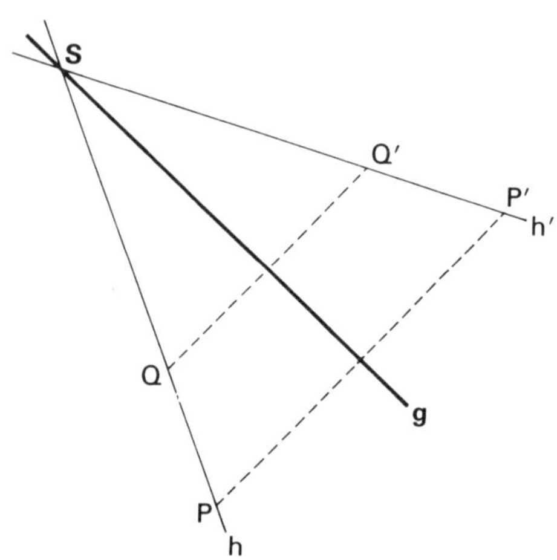

Aufgaben:

1. Siehe Aufgaben zu (3.1):
   (a) Berechnen Sie die Längen der Vektoren $\vec{a}$ bis $\vec{e}$.
   (b) Berechnen Sie damit die Längen der senkrechten Projektionen des Vektors $\vec{a}$ auf die Vektoren $\vec{b}$ bis $\vec{e}$.

2. (a) Welchen Radius r besitzt die Kugel K mit dem Mittelpunkt M(3/1/−2), auf deren Schale der Punkt A(−1/5/5) liegt?
   (b) Zeigen Sie, daß die Punkte B(7/0/6) und C(−1/2/−10) ebenfalls auf K liegen.
   (c) Die Punkte D(7/−3/$d_3<0$) und E($e_1>0$/9/2) sollen ebenfalls auf K liegen; berechnen Sie die fehlenden Koordinaten.
   (d) Der Punkt A nimmt bezüglich des Punktes D eine besondere Lage ein, ebenso wie B zu C (berechnen Sie $\overline{AD}$ und $\overline{BC}$!); welche Figur bilden also die 4 Punkte?

3. (a) Welche Punkte A und B auf der Geraden g: $\vec{x}=\begin{pmatrix}2\\3\\-1\end{pmatrix}+k\begin{pmatrix}2\\-1\\-2\end{pmatrix}$ haben vom Anfangspunkt P(2/3/−1) der Geraden den Abstand 6 LE?
   (b) Welchen Abstand haben diese Punkte A und B vom Punkt C(8/9/2); wie liegen demnach die 3 Punkte?
   (c) Welchen Inhalt besitzt das Dreieck ABC?

4. Fällen Sie jeweils das Lot vom Punkt P auf die Gerade g; berechnen Sie den Lotfußpunkt F, den Abstand d(P, g) und stellen Sie eine Gleichung der Lotgeraden l auf:

   (a) P(2/−2/5), g: $\vec{x}=\begin{pmatrix}11\\5\\2\end{pmatrix}+k\begin{pmatrix}1\\0\\1\end{pmatrix}$

   (b) P(0/0/0), g: $\vec{x}=\begin{pmatrix}1\\3\\41\end{pmatrix}+k\begin{pmatrix}-3\\3\\4\end{pmatrix}$

   (c) P(9/0/8), g: $\vec{x}=\begin{pmatrix}6{,}5\\-4\\1\end{pmatrix}+k\begin{pmatrix}-2\\1\\6\end{pmatrix}$

   (d) P(4/3/5), g: $\vec{x}=\begin{pmatrix}1\\6\\-1\end{pmatrix}+k\begin{pmatrix}-1\\1\\-2\end{pmatrix}$

(e) P(2/−3), $\quad g\colon \vec{x}=\begin{pmatrix}2\\10\end{pmatrix}+k\begin{pmatrix}2\\-3\end{pmatrix}$

(f) P(5/−6), $\quad g\colon \vec{x}=\begin{pmatrix}10\\9\end{pmatrix}+k\begin{pmatrix}3\\4\end{pmatrix}$

5. Gegeben ist das Viereck A(5/9) B(8/5) C(4/2) D(−2/10) sowie die Gerade $s\colon \vec{x}=\begin{pmatrix}7\\-2\end{pmatrix}+k\begin{pmatrix}-3\\4\end{pmatrix}$.
   (a) Spiegeln Sie die 4 Eckpunkte um s.
   (b) Spiegeln Sie alle 4 Seitengeraden um s.

6. Prüfen Sie, welche Lage die Geraden g und h zueinander haben und berechnen Sie, soweit möglich, den (kürzesten) Abstand der beiden Geraden sowie die Fußpunkte und die Gleichung des gemeinsamen Lots:

   (a) $g\colon \vec{x}=\begin{pmatrix}-2\\3\\1\end{pmatrix}+k\begin{pmatrix}1\\0\\2\end{pmatrix}$, $\quad h\colon \vec{x}=\begin{pmatrix}5\\11\\4\end{pmatrix}+m\begin{pmatrix}-1\\3\\0\end{pmatrix}$

   (b) $g\colon \vec{x}=\begin{pmatrix}2\\4\\-1\end{pmatrix}+k\begin{pmatrix}-6\\3\\-6\end{pmatrix}$, $\quad h\colon \vec{x}=\begin{pmatrix}4\\-3\\7\end{pmatrix}+m\begin{pmatrix}4\\-2\\4\end{pmatrix}$

   (c) $g\colon \vec{x}=\begin{pmatrix}1\\9\\2\end{pmatrix}+k\begin{pmatrix}0\\-1\\1\end{pmatrix}$, $\quad h\colon \vec{x}=\begin{pmatrix}4\\-2\\-2\end{pmatrix}+m\begin{pmatrix}4\\3\\4\end{pmatrix}$

   (d) $g\colon \vec{x}=k\begin{pmatrix}4\\4\\-2\end{pmatrix}$, $\quad h\colon \vec{x}=\begin{pmatrix}-6\\-6\\3\end{pmatrix}+m\begin{pmatrix}-2\\-2\\1\end{pmatrix}$

   (e) $g\colon \vec{x}=\begin{pmatrix}4\\4\\-2\end{pmatrix}+k\begin{pmatrix}-1\\-1\\2\end{pmatrix}$, $\quad h\colon \vec{x}=\begin{pmatrix}5\\8\\-1\end{pmatrix}+m\begin{pmatrix}1\\2\\-1\end{pmatrix}$

   (f) $g\colon \vec{x}=k\begin{pmatrix}-6\\4\\8\end{pmatrix}$, $\quad h\colon \vec{x}=\begin{pmatrix}-2\\4\\11\end{pmatrix}+m\begin{pmatrix}-3\\2\\4\end{pmatrix}$

   (g) $g\colon \vec{x}=\begin{pmatrix}1\\1\\3\end{pmatrix}+k\begin{pmatrix}3\\4\\-1\end{pmatrix}$, $\quad h\colon \vec{x}=\begin{pmatrix}4\\-4\\2\end{pmatrix}+m\begin{pmatrix}1\\4\\1\end{pmatrix}$

3.3 Winkelmessung 1

a) Häufig braucht man bei der Winkelmessung bzw. bei Abstandsaufgaben den zu einem Vektor $\vec{a}$ zugehörigen **Einheitsvektor** $\vec{a}^0$; das ist der eindeutig bestimmte Vektor, der dieselbe Richtung und Orientierung wie $\vec{a}$, aber die „normierte" Länge 1 besitzt – er wird durch eine hochgestellte Null gekennzeichnet. Man erhält $\vec{a}^0$, indem man den Vektor $\vec{a}$ zentrisch um den Faktor $\frac{1}{a}$ streckt, d.h. einfach alle Komponenten durch die Länge a dividiert (1.4.b):

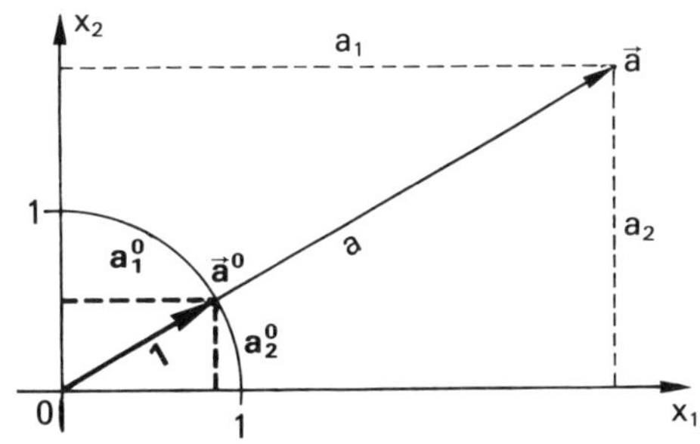

Einheitsvektor $\vec{a}^0 = \dfrac{\vec{a}}{a}$

Beispiel:

Die Längen der Vektoren $\vec{a} = \begin{pmatrix} 4 \\ -3 \\ 12 \end{pmatrix}$ und $\vec{b} = \begin{pmatrix} -6 \\ -8 \\ 0 \end{pmatrix}$ betragen a = 13 LE und b = 10 LE (siehe (3.2.c.1)); also ist

$$\vec{a}^0 = \frac{1}{13}\begin{pmatrix} 4 \\ -3 \\ 12 \end{pmatrix} = \begin{pmatrix} 4/13 \\ -3/13 \\ 12/13 \end{pmatrix} \quad \text{und} \quad \vec{b}^0 = \frac{1}{10}\begin{pmatrix} -6 \\ -8 \\ 0 \end{pmatrix} = \begin{pmatrix} -0{,}6 \\ -0{,}8 \\ 0 \end{pmatrix}.$$

b) Für das Skalarprodukt haben wir in (3.1.a) die Definition $\vec{a} \circ \vec{b} = a \cdot b \cdot \cos(\vec{a}, \vec{b})$ abgeleitet. Da wir inzwischen $\vec{a} \circ \vec{b}$ in Komponenten ausrechnen können (3.1.f) ebenso wie die Längen a und b der beiden Vektoren (3.2.a), können wir die Gleichung nach $\cos(\vec{a}, \vec{b})$ auflösen und erhalten damit den

Winkel zwischen 2 Vektoren $\vec{a}$ und $\vec{b}$: $\cos(\vec{a}, \vec{b}) = \dfrac{\vec{a} \circ \vec{b}}{a \cdot b}$

Beispiel:

Berechnen Sie die Innenwinkel des Dreiecks A(−2/−1) B(6/1) C(5/5).

Wir berechnen zunächst die 3 Seitenvektoren mit ihren Längen:

$$\overrightarrow{AB}=\begin{pmatrix}8\\2\end{pmatrix},\quad \overrightarrow{BC}=\begin{pmatrix}-1\\4\end{pmatrix},\quad \overrightarrow{AC}=\begin{pmatrix}7\\6\end{pmatrix}$$

$$c=\sqrt{68},\qquad a=\sqrt{17},\qquad b=\sqrt{85}$$

Der Winkel α wird von $\overrightarrow{AB}$ und $\overrightarrow{AC}$ gebildet:

$$\cos\alpha=\frac{\begin{pmatrix}8\\2\end{pmatrix}\circ\begin{pmatrix}7\\6\end{pmatrix}}{\sqrt{68}\cdot\sqrt{85}}=\frac{56+12}{\sqrt{68}\cdot\sqrt{85}}=\frac{68}{\sqrt{68}\cdot\sqrt{85}}=\frac{\sqrt{68}}{\sqrt{85}}=\sqrt{\frac{68}{85}}=\sqrt{\frac{4}{5}}$$

$\boxed{\cos^{-1}}$ auf dem Taschenrechner liefert dann $\underline{\alpha=26{,}57°}$.

Zur Berechnung von β müssen Sie die Vektoren $\overrightarrow{BC}$ und $\overrightarrow{BA}=-\overrightarrow{AB}$ verwenden (nicht $\overrightarrow{AB}$, sonst erwischen Sie den Nebenwinkel $(180°-\beta)$!):

$$\cos=\frac{\begin{pmatrix}-8\\-2\end{pmatrix}\circ\begin{pmatrix}-1\\4\end{pmatrix}}{\sqrt{68}\cdot\sqrt{17}}=0\;\Rightarrow\;\underline{\beta=90°}.$$

Über die Winkelsumme ist dann $\underline{\gamma=63{,}43°}$.

c) Den winkelhalbierenden Vektor zweier Vektoren $\vec{a}$ und $\vec{b}$ erhält man, indem man mit Hilfe der Einheitsvektoren $\vec{a}^0$ und $\vec{b}^0$ eine Raute konstruiert, in der die Diagonale $\vec{a}^0+\vec{b}^0$ gleichzeitig die Winkelhalbierende ist:

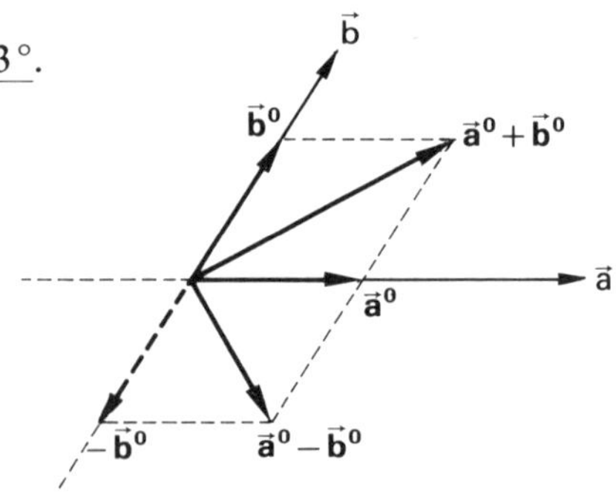

Winkelhalbierender Vektor:	$\vec{a}^0+\vec{b}^0$
Nebenwinkelhalbierender Vektor:	$\vec{a}^0-\vec{b}^0$

Beispiel:

Berechnen Sie den Inkreismittelpunkt I des Dreiecks $A(-2/-1)\,B(6/-1)\,C(6/5)$.

Die beiden winkelhalbierenden Vektoren der Winkel α und β sind

$$\vec{w}_\alpha=\overrightarrow{AB}^0+\overrightarrow{AC}^0=\begin{pmatrix}8\\0\end{pmatrix}^0+\begin{pmatrix}8\\6\end{pmatrix}^0=\begin{pmatrix}1\\0\end{pmatrix}+\begin{pmatrix}0{,}8\\0{,}6\end{pmatrix}=\begin{pmatrix}1{,}8\\0{,}6\end{pmatrix}=\frac{3}{5}\begin{pmatrix}3\\1\end{pmatrix}$$

$$\vec{w}_\beta=\overrightarrow{BA}^0+\overrightarrow{BC}^0=\begin{pmatrix}-8\\0\end{pmatrix}^0+\begin{pmatrix}0\\6\end{pmatrix}^0=\begin{pmatrix}-1\\0\end{pmatrix}+\begin{pmatrix}0\\1\end{pmatrix}=\begin{pmatrix}-1\\1\end{pmatrix}$$

Die Gleichungen der Winkelhalbierenden w_α und w_β lauten damit

$$w_\alpha\colon \vec{x} = \begin{pmatrix} -2 \\ -1 \end{pmatrix} + k \begin{pmatrix} 3 \\ 1 \end{pmatrix}, \quad w_\beta\colon \vec{x} = \begin{pmatrix} 6 \\ -1 \end{pmatrix} + m \begin{pmatrix} -1 \\ 1 \end{pmatrix}$$

Der Inkreismittelpunkt I ergibt sich als Schnittpunkt der Winkelhalbierenden:

$$\begin{pmatrix} -2 \\ -1 \end{pmatrix} + k \begin{pmatrix} 3 \\ 1 \end{pmatrix} = \begin{pmatrix} 6 \\ -1 \end{pmatrix} + m \begin{pmatrix} -1 \\ 1 \end{pmatrix}$$

$$\begin{cases} 3k + m = 8 \\ k - m = 0 \end{cases}$$

$$+\quad 4k = 8$$

$$k = 2 \Rightarrow \underline{I(4/1)}$$

Aufgaben:

1. Siehe Aufgaben zu (3.1):
   (a) Geben Sie zu den Vektoren $\vec{a}$ bis $\vec{e}$ die zugehörigen Einheitsvektoren an.
   (b) Welche Winkel bildet der Vektor $\vec{a}$ mit den anderen Vektoren $\vec{b}$ bis $\vec{e}$?

2. Gegeben ist das Dreieck $A(-13/-4)\,B(12/-4)\,C(3/8)$.
   (a) Berechnen Sie die Gleichungen der 3 Winkelhalbierenden.
   (b) Berechnen Sie den Mittelpunkt I des Inkreises.
   (c) Fällen Sie von I aus die Lote auf die 3 Seiten und berechnen Sie damit die Berührpunkte des Inkreises mit den Seiten.
   (d) Wie groß ist der Inkreisradius?

3. Zeigen Sie durch Rechnung, daß winkelhalbierender und nebenwinkelhalbierender Vektor immer aufeinander senkrecht stehen.

4. Berechnen Sie im Dreieck aus Aufgabe 2. die 3 Innenwinkel.

3.4 Lotvektoren

Häufig benötigt man ‚senkrechte Vektoren' (zu einer Gerade oder Ebene, zu einem oder zwei vorgegebenen Vektoren u. ä.) für bestimmte Anwendungsaufgaben; alle diese verschiedenen Fälle kann man letztendlich auf drei verschiedene Problemstellungen reduzieren:

a) Gesucht ist ein beliebiger senkrechter Vektor $\vec{b}=\begin{pmatrix} b_1 \\ b_2 \end{pmatrix}$ zu dem Vektor $\vec{a}=\begin{pmatrix} a_1 \\ a_2 \end{pmatrix}$ im $\mathbb{R}^2$:

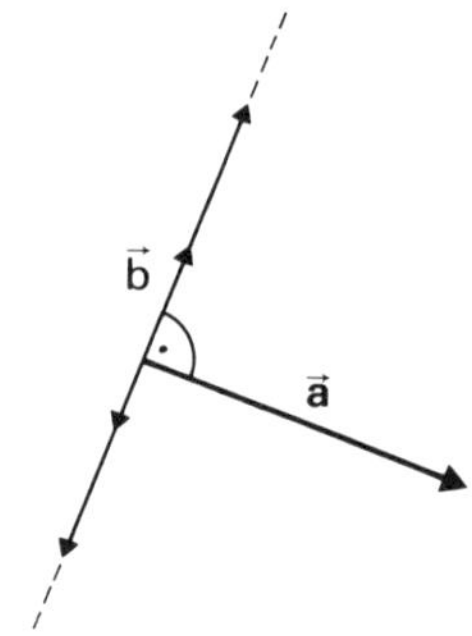

Im $\mathbb{R}^2$ gibt es zu einem vorgegebenen Vektor $\vec{a}$ unendlich viele Lotvektoren $\vec{b}$, die sich in Länge und Orientierung, nicht aber in der Richtung unterscheiden. Hat man also einen Lotvektor $\vec{b}$, so haben alle anderen Lotvektoren die Form $k \cdot \vec{b}$ $(k \in \mathbb{R})$.

Das Skalarprodukt beider Vektoren muß ‚0' werden: $\begin{pmatrix} a_1 \\ a_2 \end{pmatrix} \circ \begin{pmatrix} b_1 \\ b_2 \end{pmatrix} = a_1 b_1 + a_2 b_2 = 0$

Dies erreicht man am einfachsten, indem man $b_1 = -a_2$ und $b_2 = a_1$ setzt:

$\begin{pmatrix} a_1 \\ a_2 \end{pmatrix} \circ \begin{pmatrix} -a_2 \\ a_1 \end{pmatrix} = -a_1 a_2 + a_1 a_2 = 0$ für jedes $a_1, a_2 \in \mathbb{R}$.

Beliebiger Lotvektor zu $\begin{pmatrix} a_1 \\ a_2 \end{pmatrix}$ im $\mathbb{R}^2$ ist $\begin{pmatrix} -a_2 \\ a_1 \end{pmatrix}$. Alle Lotvektoren haben dieselbe Richtung („im wesentlichen eindeutig").

Beispiel:

Ein beliebiger Lotvektor zu $\vec{a}=\begin{pmatrix} 4 \\ 3 \end{pmatrix}$ ist $\vec{b}=\begin{pmatrix} -3 \\ 4 \end{pmatrix}$ (oder auch $\vec{b}=\begin{pmatrix} 3 \\ -4 \end{pmatrix}$); alle Lotvektoren haben die Form $\vec{c}=k\begin{pmatrix} -3 \\ 4 \end{pmatrix}=\begin{pmatrix} -3k \\ 4k \end{pmatrix}$ $(k \in \mathbb{R})$, denn

$\begin{pmatrix} 4 \\ 3 \end{pmatrix} \circ \begin{pmatrix} -3k \\ 4k \end{pmatrix} = -12k + 12k = 0$ für alle $k \in \mathbb{R}$.

b) Gesucht ist ein beliebiger senkrechter Vektor $\vec{b}=\begin{pmatrix} b_1 \\ b_2 \\ b_3 \end{pmatrix}$ zu dem Vektor $\vec{a}=\begin{pmatrix} a_1 \\ a_2 \\ a_3 \end{pmatrix}$ im $\mathbb{R}^3$:

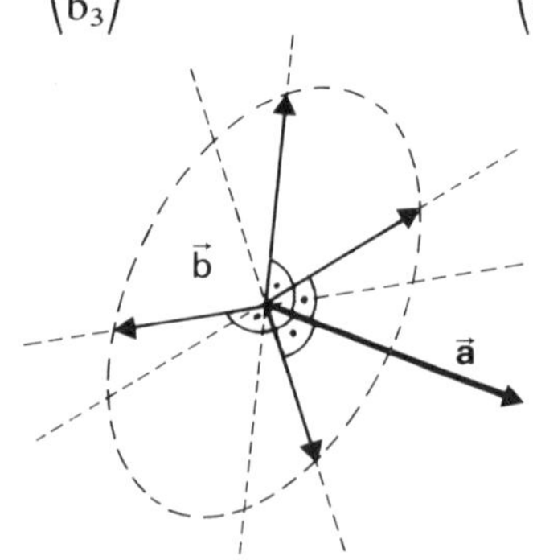

Wie im $\mathbb{R}^2$ gibt es zu $\vec{a}$ unendlich viele Lotvektoren, die sich aber – im Gegensatz zum $\mathbb{R}^2$ – nicht nur in Länge und Orientierung, sondern auch in der Richtung unterscheiden: alle Lotvektoren liegen in einer zu $\vec{a}$ senkrechten

Ebene. Den Trick aus a) kann man wiederholen, indem man jeweils eine Komponente von $\vec{b}$ zu ‚0' setzt:

Beliebige Lotvektoren zu $\begin{pmatrix} a_1 \\ a_2 \\ a_3 \end{pmatrix}$ im $\mathbb{R}^3$ sind z. B. $\begin{pmatrix} -a_2 \\ a_1 \\ 0 \end{pmatrix}, \begin{pmatrix} -a_3 \\ 0 \\ a_1 \end{pmatrix}, \begin{pmatrix} 0 \\ -a_3 \\ a_2 \end{pmatrix}$.

Die Lotvektoren haben verschiedene Richtungen!

Dies hat Konsequenzen für den Aufgabentyp „Lot fällen": im $\mathbb{R}^2$ und $\mathbb{R}^3$ sind die Grundvoraussetzungen völlig unterschiedlich und deshalb auch ihre rechnerische Behandlung (siehe auch (3.4.d.1) und (3.2.c.5)).

Beispiel:

Beliebige Lotvektoren zu $\vec{a} = \begin{pmatrix} 1 \\ 2 \\ 3 \end{pmatrix}$ sind z. B.

$\vec{b}_1 = \begin{pmatrix} -2 \\ 1 \\ 0 \end{pmatrix}$ ($\subset x_1x_2$-Ebene), $\vec{b}_2 = \begin{pmatrix} -3 \\ 0 \\ 1 \end{pmatrix}$ ($\subset x_1x_3$-Ebene),

$\vec{b}_3 = \begin{pmatrix} 0 \\ -3 \\ 2 \end{pmatrix}$ ($\subset x_2x_3$-Ebene),

denn alle Skalarprodukte mit $\vec{a}$ ergeben ‚0'. Weitere Lotvektoren sind z. B. $\vec{b}_1 - \vec{b}_2$, $2\vec{b}_2 - 4\vec{b}_3$, $3\vec{b}_1 - 2\vec{b}_2 + \vec{b}_3$ usw. (prüfen Sie selbst nach!); alle Lotvektoren erhält man z. B. durch den Ansatz $\vec{l} = k \cdot \vec{b}_1 + m \cdot \vec{b}_2$ $(k, m \in \mathbb{R})$ (sie liegen in der Ebene, die bereits durch 2 der 3 Vektoren $\vec{b}_1$, $\vec{b}_2$ und $\vec{b}_3$ aufgespannt wird!).

c) <u>Gesucht ist ein beliebiger senkrechter Vektor</u> $\vec{n} = \begin{pmatrix} n_1 \\ n_2 \\ n_3 \end{pmatrix}$ <u>zu zwei vorgegebenen Vektoren</u> $\vec{a} = \begin{pmatrix} a_1 \\ a_2 \\ a_3 \end{pmatrix}$ <u>und</u> $\vec{b} = \begin{pmatrix} b_1 \\ b_2 \\ b_3 \end{pmatrix}$ <u>im $\mathbb{R}^3$</u>:

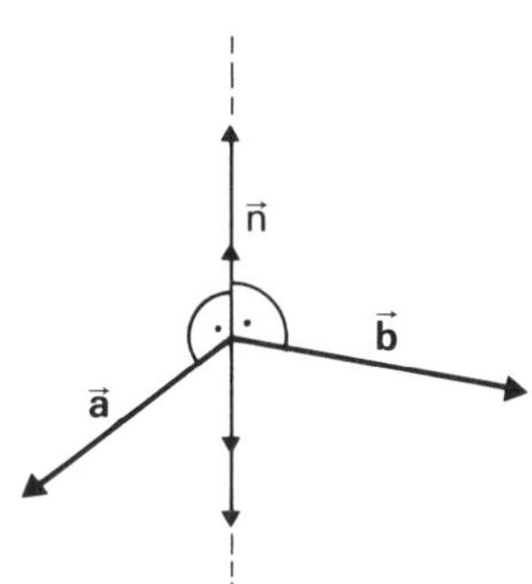

Dieser Vektor $\vec{n}$ ist „im wesentlichen eindeutig" (d. h. bis auf Länge und Orientierung) bestimmt; aus dem Ansatz $\vec{a} \circ \vec{n} = 0 \wedge \vec{b} \circ \vec{n} = 0$ kann man einen Vektor $\vec{n}$ allgemein berechnen:

Beliebiger gemeinsamer Lotvektor zu $\vec{a} = \begin{pmatrix} a_1 \\ a_2 \\ a_3 \end{pmatrix}$ und $\vec{b} = \begin{pmatrix} b_1 \\ b_2 \\ b_3 \end{pmatrix}$ im $\mathbb{R}^3$ ($\vec{a}$, $\vec{b}$ nicht kollinear) ist $\vec{n} = \begin{pmatrix} a_2 b_3 - a_3 b_2 \\ a_3 b_1 - a_1 b_3 \\ a_1 b_2 - a_2 b_1 \end{pmatrix}$; $\vec{n}$ wird auch mit $\vec{n} := \vec{a} \times \vec{b}$ bezeichnet („Vektor-" oder „Kreuzprodukt"). Alle Lotvektoren haben dieselbe Richtung („im wesentlichen eindeutig").

Merkregel:

$$\begin{array}{ll} \not{a_1} & \not{b_1} \\ a_2 & b_2 \\ a_3 & b_3 \\ a_1 & b_1 \\ a_2 & b_2 \\ \not{a_3} & \not{b_3} \end{array} \longrightarrow \begin{pmatrix} a_2 b_3 - a_3 b_2 \\ a_3 b_1 - a_1 b_3 \\ a_1 b_2 - a_2 b_1 \end{pmatrix}$$

- Schreiben Sie beide Vektoren zweimal untereinander.
- Streichen Sie erste und letzte Zeile.
- Bilden Sie die 3 Terme jeweils durch ‚Produkt links oben/rechts unten minus Produkt links unten/rechts oben' („Kreuzprodukt"!).

Beispiel:

Ein gemeinsamer Lotvektor zu $\vec{a} = \begin{pmatrix} 4 \\ -1 \\ 2 \end{pmatrix}$ und $\vec{b} = \begin{pmatrix} 4 \\ -3 \\ -2 \end{pmatrix}$ ist

$$\begin{array}{rr} \not{4} & \not{4} \\ -1 & -3 \\ 2 & -2 \\ 4 & 4 \\ -1 & -3 \\ \not{2} & \not{-2} \end{array} \longrightarrow \begin{pmatrix} (-1)(-2) - 2 \cdot (-3) \\ 2 \cdot 4 - 4 \cdot (-2) \\ 4 \cdot (-3) - (-1) \cdot 4 \end{pmatrix} = \begin{pmatrix} 2+6 \\ 8+8 \\ -12+4 \end{pmatrix} = \begin{pmatrix} 8 \\ 16 \\ -8 \end{pmatrix} = 8 \begin{pmatrix} 1 \\ 2 \\ -1 \end{pmatrix}$$

Also: $\underline{\vec{n} = \begin{pmatrix} 1 \\ 2 \\ -1 \end{pmatrix}}$ (wenn man $\vec{n}$ als Richtungsvektor benutzt)

d) Beispiele:

① Fällen Sie vom Punkt $P(2/-3)$ das Lot auf die Gerade g: $\vec{x} = \begin{pmatrix} 3 \\ 5 \end{pmatrix} + k \begin{pmatrix} 2 \\ 1 \end{pmatrix}$.

Nach (3.4.a) können wir $\vec{v} = \begin{pmatrix} -1 \\ 2 \end{pmatrix}$ als Richtungsvektor der Lotgerade verwenden; die Gleichung der Lotgerade l ist also:

$\underline{l\colon\ \vec{x} = \begin{pmatrix} 2 \\ -3 \end{pmatrix} + m \begin{pmatrix} -1 \\ 2 \end{pmatrix}}$.

Der Schnitt von l und g (nach (2.4.a)) liefert dann den Lotfußpunkt $F(-1/3)$, der Abstand $d(P, g) = d(P, F) = 3\sqrt{5}$ LE. (3.2.b)

Achtung: Im $\mathbb{R}^3$ ist dieser Weg nicht möglich, da $\vec{v}$ nicht bestimmbar ist (3.4.b); in diesem Fall müßten Sie die Aufgabe wie in (3.2.c.5) lösen!! (Der Lösungsweg in (3.2.c.5) hingegen ist auch im $\mathbb{R}^2$ möglich!/rechnen Sie selbst nach!)

② Fällen Sie das Lot vom Punkt $P(3/-5/6)$ auf die Ebene

$$E: \vec{x} = \begin{pmatrix} -2 \\ 3 \\ 4 \end{pmatrix} + r \begin{pmatrix} 2 \\ 1 \\ -1 \end{pmatrix} + s \begin{pmatrix} -1 \\ 3 \\ 4 \end{pmatrix}.$$

Da der Lotrichtungsvektor $\vec{v}$ senkrecht auf allen Richtungsvektoren der Ebene E stehen muß, kann man ihn nach (3.4.c) berechnen:

$$\vec{v} = \begin{pmatrix} 2 \\ 1 \\ -1 \end{pmatrix} \times \begin{pmatrix} -1 \\ 3 \\ 4 \end{pmatrix} = \begin{pmatrix} 4+3 \\ 1-8 \\ 6+1 \end{pmatrix} = \begin{pmatrix} 7 \\ -7 \\ 7 \end{pmatrix} = 7 \begin{pmatrix} 1 \\ -1 \\ 1 \end{pmatrix} \Rightarrow \text{Lotgerade } l: \vec{x} = \begin{pmatrix} 3 \\ -5 \\ 6 \end{pmatrix} + k \begin{pmatrix} 1 \\ -1 \\ 1 \end{pmatrix}$$

Schnitt $l \cap E$: Lotfußpunkt $F(-2/0/1)$ (2.4.c)

Abstand $d(P, E) = d(P, F) = 5\sqrt{3}$ LE. (3.2.b)

③ Die Ebene E soll auf der Geraden $g: \vec{x} = \begin{pmatrix} -1 \\ 0 \\ 2 \end{pmatrix} + k \begin{pmatrix} 4 \\ -1 \\ 2 \end{pmatrix}$ senkrecht stehen und den Punkt $A(2/5/3)$ enthalten.

Als Richtungsvektoren von E benötigen Sie 2 beliebige, nicht kollineare Vektoren, die senkrecht auf dem Richtungsvektor der Geraden $\vec{u}_g = \begin{pmatrix} 4 \\ -1 \\ 2 \end{pmatrix}$ stehen; dies sind

z. B. $\vec{v}_1 = \begin{pmatrix} 1 \\ 4 \\ 0 \end{pmatrix}$ und $\vec{v}_2 = \begin{pmatrix} 0 \\ 2 \\ 1 \end{pmatrix}$ (3.4.b); also ist $E: \vec{x} = \begin{pmatrix} 2 \\ 5 \\ 3 \end{pmatrix} + r \begin{pmatrix} 1 \\ 4 \\ 0 \end{pmatrix} + s \begin{pmatrix} 0 \\ 2 \\ 1 \end{pmatrix}$.

Aufgaben:

1. Fällen Sie das Lot vom Punkt P auf die Gerade g und berechnen Sie den Abstand des Punktes P zur Geraden g:

   (a) P(0/0), g: $\vec{x}=\begin{pmatrix}6\\-2\end{pmatrix}+k\begin{pmatrix}-1\\2\end{pmatrix}$

   (b) P(−1/3), g: $\vec{x}=\begin{pmatrix}7\\7\end{pmatrix}+k\begin{pmatrix}1\\3\end{pmatrix}$

2. Fällen Sie vom Punkt P das Lot auf die Ebene E und berechnen Sie den Abstand des Punktes P zur Ebene E:

   (a) P(1/5/2), E: $\vec{x}=\begin{pmatrix}2\\-2\\-3\end{pmatrix}+m\begin{pmatrix}-3\\0\\1\end{pmatrix}+n\begin{pmatrix}0\\2\\-1\end{pmatrix}$

   (b) P(6/7/3), E: $\vec{x}=\begin{pmatrix}-7\\-2\\-7\end{pmatrix}+m\begin{pmatrix}2\\1\\-2\end{pmatrix}+n\begin{pmatrix}4\\7\\-3\end{pmatrix}$

3. Spiegeln Sie das Dreieck A(0/0) B(3/−1) C(2/6) um die Gerade g aus Aufgabe 1.(a).

4. Spiegeln Sie die Gerade g: $\vec{x}=\begin{pmatrix}1\\5\\2\end{pmatrix}+k\begin{pmatrix}-7\\15\\3\end{pmatrix}$ an der Ebene E aus Aufgabe 2.(a).

5. Berechnen Sie im Dreieck A(−3/−4) B(4/−0,5) C(−2/4) den Höhenschnittpunkt H.

6. Berechnen Sie im Dreieck A(−4/−3) B(3/−2) C(−1/6) den Mittelpunkt U und den Radius r des Umkreises.

7. Gegeben ist das Dreieck A(7/−3) B(−1/3) C(−1/−3).
   (a) Welche Innenwinkel besitzt das Dreieck?
   (b) Bestimmen Sie Umkreismittelpunkt U, Höhenschnittpunkt H, Schwerpunkt S und Inkreismittelpunkt I.
   (c) Weisen Sie an diesem Beispiel den Satz von Euler nach: U, H und S liegen auf einer Geraden g, I liegt nicht auf dieser Geraden; der Punkt S teilt dabei die Strecke $\overline{HU}$ im Verhältnis 2 : 1.
   (d) Welchen Abstand hat I von der Geraden g?

8. Welche Gleichung hat die Ebene E, die den Punkt P enthält und auf der Geraden g senkrecht steht:

(a) $P(2/-5/2)$, g: $\vec{x}=\begin{pmatrix}2\\-5\\2\end{pmatrix}+k\begin{pmatrix}4\\2\\-3\end{pmatrix}$

(b) $P(0/0/0)$, g: $\vec{x}=\begin{pmatrix}2\\0\\-4\end{pmatrix}+k\begin{pmatrix}5\\2\\-1\end{pmatrix}$

9. Welche Ebene enthält die Gerade g: $\vec{x}=\begin{pmatrix}4\\2\\-3\end{pmatrix}+k\begin{pmatrix}2\\0\\3\end{pmatrix}$ und steht auf der Ebene E aus Aufgabe 2.(a) senkrecht?

3.5 Kreis und Kugel

a) Kreis und Kugel haben die Eigenschaft, daß der Abstand aller Punkte X der Kreislinie bzw. Kugelschale konstant gleich dem Radius r ist, d. h. für alle diese Punkte $X(\vec{x})$ ist die Länge des Vektors $\vec{x}-\vec{m}$ gleich r (3.2.a): $|\vec{x}-\vec{m}|=r \quad |^2$ (3.1.b.2)

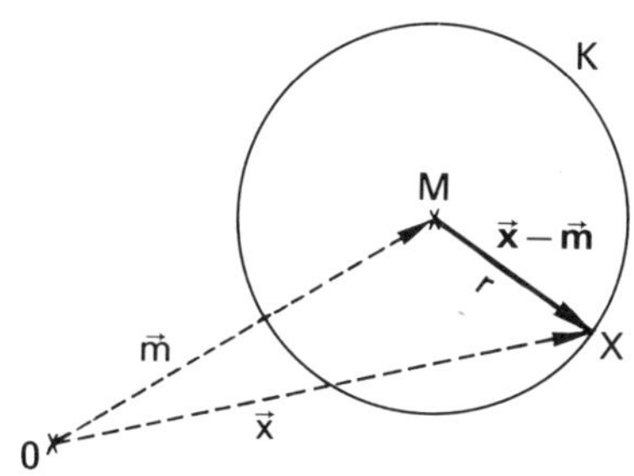

Ist $M(\vec{m})$ der Mittelpunkt und r der Radius, so lautet die

- **Kreisgleichung im $\mathbb{R}^2$:** $(\vec{x}-\vec{m})^2=r^2 \Leftrightarrow (x_1-m_1)^2+(x_2-m_2)^2=r^2$
- **Kugelgleichung im $\mathbb{R}^3$:** $(\vec{x}-\vec{m})^2=r^2 \Leftrightarrow (x_1-m_1)^2+(x_2-m_2)^2+(x_3-m_3)^2=r^2$

Eine Kreisgleichung im $\mathbb{R}^3$ ist in dieser Form nicht darstellbar!

b) Beispiele:

① Die Kugel K_1 mit dem Mittelpunkt $M(2/-3/0)$ und dem Radius $r=5$ LE besitzt die Gleichung K_1: $\left[\vec{x}-\begin{pmatrix}2\\-3\\0\end{pmatrix}\right]^2=25 \Leftrightarrow (x_1-2)^2+(x_2+3)^2+x_3^2=25.$

② Der Kreis K_2 mit $M(2/-3)$ und $r=5$ LE hat die Gleichung

$$K_2: \left[\vec{x}-\begin{pmatrix}2\\-3\end{pmatrix}\right]^2=25 \Leftrightarrow (x_1-2)^2+(x_2+3)^2=25$$

③ Wie liegen die Punkte $P(5/-3/-4)$, $Q(-1/-1/2)$ und $R(-4/-2/-2)$ bezüglich der Kugel K_1?

$$\left[\begin{pmatrix}5\\-3\\-4\end{pmatrix}-\begin{pmatrix}2\\-3\\0\end{pmatrix}\right]^2=\begin{pmatrix}3\\0\\-4\end{pmatrix}^2=9+0+16=25=25=r^2 \mapsto \underline{P \text{ auf } K_1}$$

$$\left[\begin{pmatrix}-1\\-1\\2\end{pmatrix}-\begin{pmatrix}2\\-3\\0\end{pmatrix}\right]^2=\begin{pmatrix}-3\\2\\2\end{pmatrix}^2=9+4+4=17<25=r^2 \mapsto \underline{Q \text{ innerhalb } K_1}$$

$$\left[\begin{pmatrix}-4\\-2\\-2\end{pmatrix}-\begin{pmatrix}2\\-3\\0\end{pmatrix}\right]^2=\begin{pmatrix}-6\\1\\-2\end{pmatrix}^2=36+1+4=41>25=r^2 \mapsto \underline{R \text{ außerhalb } K_1}$$

④ Welchen Radius r besitzt die Kugel K mit dem Mittelpunkt $M(2/-3/0)$, auf deren Schale der Punkt $A(5/-3/-4)$ liegt?

$$K: \left[\vec{x}-\begin{pmatrix}2\\-3\\0\end{pmatrix}\right]^2=r^2$$

$$A\in K: \left[\begin{pmatrix}5\\-3\\-4\end{pmatrix}-\begin{pmatrix}2\\-3\\0\end{pmatrix}\right]^2=r^2$$

$$9+0+16=r^2$$

$$\underline{r=5 \text{ LE}} \qquad (r>0!)$$

⑤ Welchen Radius hat die Kugel mit dem Mittelpunkt $M(5/4{,}5/9)$, die die Gerade $g: \vec{x}=\begin{pmatrix}3\\1\\-2\end{pmatrix}+k\begin{pmatrix}-1\\2\\2\end{pmatrix}$ berührt?

Der Radius r ist der Abstand von M zur Geraden g; diesen Abstand d(M, g) müssen Sie genau wie in der Aufgabe (3.2.c.5) berechnen: $\underline{r=7{,}5 \text{ LE}}$.

c) Schnitt Gerade - Kreis im $\mathbb{R}^2$ bzw. Gerade - Kugel im $\mathbb{R}^3$:

Die Schnittpunkte erhalten Sie durch Einsetzen des Geradenterms in die Kreis-/Kugelgleichung:

Beispiel:

$$g:\ \vec{x}=\begin{pmatrix}-6\\2\\30\end{pmatrix}+k\begin{pmatrix}4\\-3\\-12\end{pmatrix},\quad K:\ \left[\vec{x}-\begin{pmatrix}2\\-4\\6\end{pmatrix}\right]^2=169$$

$$g:\ \vec{x}=\begin{pmatrix}-6+4k\\2-3k\\30-12k\end{pmatrix}\qquad \text{in K:}$$

$$\left[\begin{pmatrix}-6+4k\\2-3k\\30-12k\end{pmatrix}-\begin{pmatrix}2\\-4\\6\end{pmatrix}\right]^2=169$$

$$\left[\begin{pmatrix}-6+4k-2\\2-3k+4\\30-12k-6\end{pmatrix}\right]^2=169$$

$$\left[\begin{pmatrix}-8+4k\\6-3k\\24-12k\end{pmatrix}\right]^2=169$$

$$(-8+4k)^2+(6-3k)^2+(24-12k)^2=169$$

$$64-64k+16k^2+36-36k+9k^2+576-576k+144k^2\doteq169$$

$$169k^2-676k+507=0\qquad |:169$$

$$k^2-4k+3=0$$

$$k_1=1\ \vee\ k_2=3$$

Die Schnittpunkte erhält man durch Einsetzen von k_1 und k_2 in g: $\underline{S_1(-2/-1/18)}$, $\underline{S_2(6/-7/-6)}$; g ist also **Sekante**.

(Liefert die quadratische Gleichung genau eine Lösung, ist g eine **Tangente** und S der Berührpunkt; im Falle, daß die quadratische Gleichung keine Lösung besitzt, läuft g an K vorbei (**„Passante“**).)

d) Beispiele:

① Welcher Kreis geht durch den Punkt $A(-2/6)$ und berührt die x_2-Achse im Punkt $B(0/2)$?

(α) Zunächst sieht man sofort, daß $m_2=2$ sein muß.

(β) Außerdem muß wegen ‚berührt‘ gelten: $|m_1|=r$; da der weitere Punkt A links von der x_2-Achse liegt ($a_1=-2<0$), muß auch $m_1<0$ sein. Daher ist (Betrag aufgelöst) $-m_1=r$.

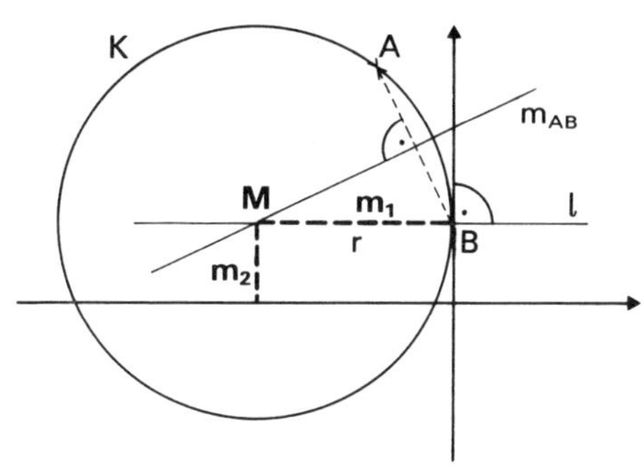

(γ) Bisher wissen wir also:

$$K: \left[\vec{x} - \begin{pmatrix} -r \\ 2 \end{pmatrix}\right]^2 = r^2. \text{ Nun fehlt noch:}$$

$$A \in K: \left[\begin{pmatrix} -2 \\ 6 \end{pmatrix} - \begin{pmatrix} -r \\ 2 \end{pmatrix}\right]^2 = r^2$$

$$(-2+r)^2 + 4^2 = r^2$$

$$4 - 4r + r^2 + 16 = r^2$$

$$r = 5 \text{ LE} \Rightarrow \underline{K: \left[\vec{x} - \begin{pmatrix} -5 \\ 2 \end{pmatrix}\right]^2 = 25}$$

Alternative: M ist der Schnittpunkt der Lotgeraden zur x_2-Achse durch B ($l: \vec{x} = \begin{pmatrix} 0 \\ 2 \end{pmatrix} + k\begin{pmatrix} -1 \\ 0 \end{pmatrix}$) mit der Mittelsenkrechten von $\overline{AB}$ ($m_{\overline{AB}}: \vec{x} = \begin{pmatrix} -1 \\ 4 \end{pmatrix} + m\begin{pmatrix} 2 \\ 1 \end{pmatrix}$).

② Welcher Kreis berührt die Gerade g: $\vec{x} = k\begin{pmatrix} 1 \\ 2 \end{pmatrix}$ im Ursprung? Der Mittelpunkt des Kreises soll dabei auf der Geraden h: $\vec{x} = \begin{pmatrix} -3 \\ 0 \end{pmatrix} + m\begin{pmatrix} 3 \\ -1 \end{pmatrix}$ liegen.

Da der Richtungsvektor der Tangente g und der Radiusvektor (= Richtungsvektor von l) aufeinander senkrecht stehen, ist l: $\vec{x} = k\begin{pmatrix} 2 \\ -1 \end{pmatrix}$.

$l \cap h$ ergibt $\underline{M(6/-3)}$, $r = d(0, M) = 3\sqrt{5}$ LE.

$$\underline{K: \left[\vec{x} - \begin{pmatrix} 6 \\ -3 \end{pmatrix}\right]^2 = 45}$$

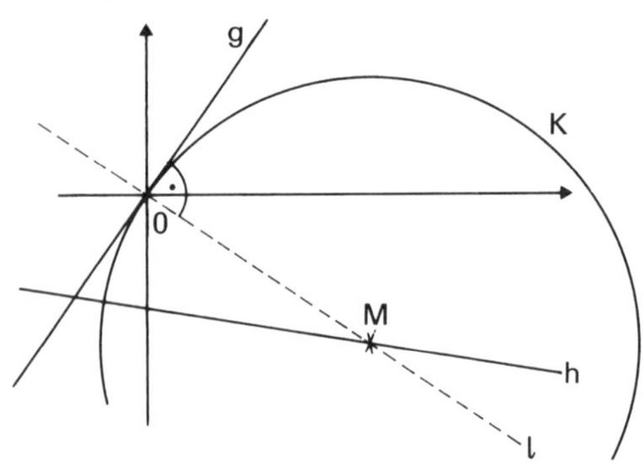

③ Welche Kugeln mit dem Radius r = 3 LE berühren die Kugel K: $\vec{x}^2 = 81$ im Punkt B(6/3/−6)?

Wenn Sie von B aus 3 LE auf der Gerade MB gehen, kommen Sie genau zu den beiden gesuchten Mittelpunkten:

$$\vec{m}_{1/2} = \vec{b} \pm 3\, \overrightarrow{MB}^0 \qquad (3.3.a)$$

$$= \begin{pmatrix} 6 \\ 3 \\ -6 \end{pmatrix} \pm 3 \cdot \frac{1}{9}\begin{pmatrix} 6 \\ 3 \\ -6 \end{pmatrix}$$

$$= \begin{pmatrix} 6 \\ 3 \\ -6 \end{pmatrix} \pm \begin{pmatrix} 2 \\ 1 \\ -2 \end{pmatrix}$$

$$\vec{m}_1 = \begin{pmatrix} 8 \\ 4 \\ -8 \end{pmatrix}, \quad \vec{m}_2 = \begin{pmatrix} 4 \\ 2 \\ -4 \end{pmatrix}$$

$$K_1: \left[\vec{x} - \begin{pmatrix} 8 \\ 4 \\ -8 \end{pmatrix}\right]^2 = 9, \quad K_2: \left[\vec{x} - \begin{pmatrix} 4 \\ 2 \\ -4 \end{pmatrix}\right]^2 = 9$$

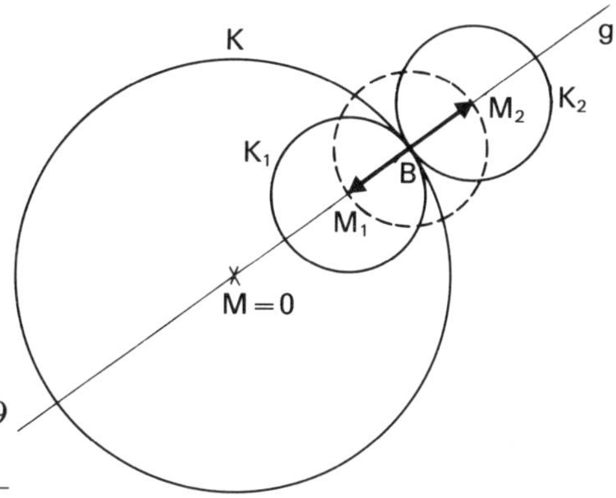

Alternativen:

1. MB in Einzelpunktform auflösen ($P_g(6k/3k/-6k)$) und $d(P_g, B) = 3$ ansetzen (siehe (3.2.c.4))
2. Hilfskugel um B mit Radius 3 LE ($\left[\vec{x} - \begin{pmatrix} 6 \\ 3 \\ -6 \end{pmatrix}\right]^2 = 9$) mit der Geraden MB ($\vec{x} = k\begin{pmatrix} 6 \\ 3 \\ -6 \end{pmatrix}$) schneiden (siehe (3.5.c))

Aufgaben:

1. Bestimmen Sie die Kugelgleichungen nach folgenden Bedingungen:
   (a) $M(2/-1/1)$, $r = 5$ LE
   (b) $M(0/0/0)$, $r = 9$ LE
   (c) $M(4/2/-3)$, $A(7/0/3) \in K$
   (d) $A(-4/12/7)$, $B(8/-2/-5)$, $\overline{AB}$ ist Durchmesser von K
   (e) $r = 6$ LE, K berührt E: $\vec{x} = m\begin{pmatrix} 2 \\ 2 \\ -1 \end{pmatrix} + n\begin{pmatrix} 1 \\ 2 \\ 0 \end{pmatrix}$ im Ursprung
   (f) $M(5/0/-1)$, K berührt g: $\vec{x} = \begin{pmatrix} 6 \\ -2 \\ 6 \end{pmatrix} + k\begin{pmatrix} 4 \\ -2 \\ 3 \end{pmatrix}$
   (g) $M(9/3/4)$, K berührt E: $\vec{x} = \begin{pmatrix} 3 \\ 2 \\ 9 \end{pmatrix} + m\begin{pmatrix} 1 \\ 0 \\ 2 \end{pmatrix} + n\begin{pmatrix} 2 \\ 3 \\ 2 \end{pmatrix}$

(h) K berührt g: $\vec{x}=\begin{pmatrix}5\\-2\\2\end{pmatrix}+k\begin{pmatrix}4\\3\\-2\end{pmatrix}$ und h: $\vec{x}=\begin{pmatrix}7\\12\\-1\end{pmatrix}+m\begin{pmatrix}4\\3\\-1\end{pmatrix}$,

r möglichst klein

(i) K berührt g: $\vec{x}=\begin{pmatrix}5\\2\\6\end{pmatrix}+k\begin{pmatrix}0\\3\\3\end{pmatrix}$ und h: $\vec{x}=\begin{pmatrix}3\\0\\-4\end{pmatrix}+m\begin{pmatrix}0\\-2\\-2\end{pmatrix}$,

r möglichst klein

(j) r = 4 LE, K berührt alle 3 Koordinatenebenen

(k) K berührt alle 3 Koordinatenebenen, A(10/−4/2) ∈ K

(l) K durch A(8/5/−3), B(9/0/5), C(5/−6/−3), D(5/2/−7)

2. Bestimmen Sie die Kreisgleichungen nach folgenden Bedingungen:

(a) M(2/1), r = 7 LE

(b) M(4/−3), Ursprung auf K

(c) A(−0,5/5), B(−3,5/1), $\overline{AB}$ ist Durchmesser

(d) r = 6,5 LE, K berührt g: $\vec{x}=\begin{pmatrix}9\\6\end{pmatrix}+k\begin{pmatrix}12\\5\end{pmatrix}$ in A(−3/1)

(e) M(8/−2), K berührt g: $\vec{x}=\begin{pmatrix}4{,}5\\9{,}5\end{pmatrix}+k\begin{pmatrix}8\\15\end{pmatrix}$

(f) K berührt die x_1-Achse in A(3/0), B(4/−1) ∈ K

(g) K berührt beide Koordinatenachsen, A(−2/−1) ∈ K

(h) A(9/7), B(2/14) ∈ K, M ∈ g: $\vec{x}=\begin{pmatrix}5\\-2\end{pmatrix}+k\begin{pmatrix}2\\-1\end{pmatrix}$

(i) K durch A(10,3/0,6), B(5,6/−7,3), C(−1,6/2,3)

3. Wie liegt die Gerade g bezüglich des Kreises/der Kugel K? Berechnen Sie, falls möglich, die Schnitt- bzw. Berührpunkte.

(a) K: $\vec{x}^2=25$, g: $\vec{x}=\begin{pmatrix}7\\0\end{pmatrix}+k\begin{pmatrix}1\\-1\end{pmatrix}$

(b) K: $\left[\vec{x}-\begin{pmatrix}-3\\-4\end{pmatrix}\right]^2=169$, g: $\vec{x}=\begin{pmatrix}26\\-2\end{pmatrix}+k\begin{pmatrix}12\\-5\end{pmatrix}$

(c) K: $\left[\vec{x}-\begin{pmatrix}1\\2\\-1\end{pmatrix}\right]^2=25$, g: $\vec{x}=\begin{pmatrix}8\\2\\1\end{pmatrix}+k\begin{pmatrix}3\\2\\-2\end{pmatrix}$

(d) K: $\left[\vec{x}-\begin{pmatrix}4\\2\\-1\end{pmatrix}\right]^2=49$, g: $\vec{x}=\begin{pmatrix}10\\11\\5\end{pmatrix}+k\begin{pmatrix}4\\6\\0\end{pmatrix}$

(e) K: $\vec{x}^2 = 36$, $\quad g\colon \vec{x} = \begin{pmatrix} 1 \\ 1 \\ 14 \end{pmatrix} + k \begin{pmatrix} -1 \\ -1 \\ 4 \end{pmatrix}$

4. Welche Gleichung besitzt die Tangente/Tangentialebene an den Kreis/die Kugel K mit dem Mittelpunkt M im Kreis-/Kugelpunkt B?
   (a) K: $\vec{x}^2 = 25$, B(4/3)
   (b) K: $\vec{x}^2 = 25$, B(4/3/0)
   (c) M(6/3/4), B(2/7/2)
   (d) M(8/−12), B(1/12)

5. Für welche Parameterwerte k liegen die Geradenpunkte P_g auf die geforderte Art zum Kreis/zur Kugel K?
   (a) K: $\left[\vec{x} - \begin{pmatrix} 3 \\ 4 \\ 4 \end{pmatrix}\right]^2 = 9$, $\quad g\colon \vec{x} = \begin{pmatrix} -7 \\ 3 \\ 14 \end{pmatrix} + k \begin{pmatrix} 4 \\ 0 \\ -4 \end{pmatrix}$, P_g innerhalb von K
   (b) wie (a), aber P_g außerhalb von K
   (c) K: $\left[\vec{x} - \begin{pmatrix} 2 \\ 2 \end{pmatrix}\right]^2 = 25$, $\quad g\colon \vec{x} = \begin{pmatrix} 6 \\ 4 \end{pmatrix} + k \begin{pmatrix} 0 \\ 1 \end{pmatrix}$, P_g außerhalb von K
   (d) wie (c), aber P_g innerhalb von K

6. Durch g_a ist eine Geradenschar gegeben. Für welche Scharparameterwerte $a \in \mathbb{R}$ erhält man Tangenten an den Kreis/die Kugel K? Bestimmen Sie die zugehörigen Berührpunkte.
   (a) K: $\vec{x}^2 = 169$, $\quad g_a\colon \vec{x} = \begin{pmatrix} 17 \\ -7 \end{pmatrix} + k \begin{pmatrix} 2 + 7a \\ 29 + 17a \end{pmatrix}$
   (b) K: $\left[\vec{x} - \begin{pmatrix} 6 \\ 2 \\ 3 \end{pmatrix}\right]^2 = 9$, $\quad g_a\colon \vec{x} = \begin{pmatrix} 0 \\ -1 \\ -3 \end{pmatrix} + k \begin{pmatrix} 2 \\ a \\ 2 \end{pmatrix}$

7. Geben Sie die Gleichungen aller Kugeln an, die die beiden Ebenen
   $E_1\colon \vec{x} = \begin{pmatrix} 6 \\ 1 \\ 5 \end{pmatrix} + m \begin{pmatrix} 1 \\ 4 \\ 1 \end{pmatrix} + n \begin{pmatrix} 3 \\ 2 \\ -2 \end{pmatrix}$ und $E_2\colon x = \begin{pmatrix} 4 \\ 7 \\ 1 \end{pmatrix} + r \begin{pmatrix} 2 \\ 2 \\ -1 \end{pmatrix} + s \begin{pmatrix} 4 \\ 2 \\ -3 \end{pmatrix}$ berühren.

4. Gerade und Ebene in Normalenform

4.1 Normalenformen

a) Die Gerade im $\mathbb{R}^2$ und die Ebene im $\mathbb{R}^3$ kann man mit Hilfe des Skalarprodukts nun auch auf eine andere Art definieren; eine zentrale Stellung nehmen dabei die Vektoren, die auf allen Richtungsvektoren der Gerade/Ebene senkrecht stehen – man nennt sie **Normalenvektoren** –, ein.

Gerade im $\mathbb{R}^2$

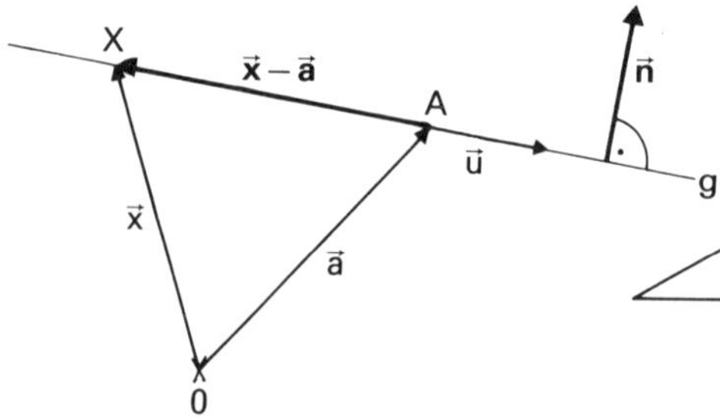

Ebene im $\mathbb{R}^3$

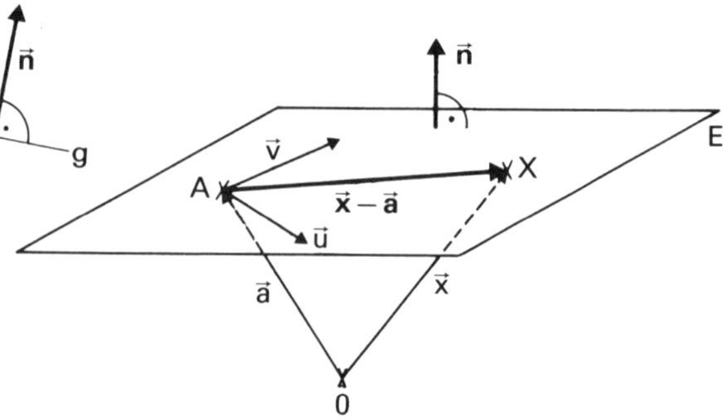

Durchläuft der Punkt $X(\vec{x})$ alle Punkte der Gerade/Ebene, so durchläuft der Vektor $\overrightarrow{AX} = \vec{x} - \vec{a}$ gleichzeitig alle Richtungsvektoren der Gerade/Ebene; da aber alle Richtungsvektoren senkrecht auf dem Normalenvektor $\vec{n}$ stehen, gilt damit für alle Punkte $X(\vec{x})$:

> **Vektorielle Normalenform einer Geraden im $\mathbb{R}^2$/Ebene im $\mathbb{R}^3$:**
>
> **NF g/NF E:** $\vec{n} \circ (\vec{x} - \vec{a}) = 0$

In beiden oben beschriebenen Fällen ist der Normalenvektor „im wesentlichen eindeutig“ (d.h. bis auf Länge und Orientierung/siehe (3.4.a) und (3.4.c)) bestimmt; bei einer Geraden im $\mathbb{R}^3$ ist dies nicht der Fall (3.4.b), daher gibt es auch **keine Normalenform für eine Gerade im $\mathbb{R}^3$** (häufiger Fehler!!).

b) Beispiele:

① Geben Sie die Ebene E: $\vec{x} = \begin{pmatrix} 3 \\ 3 \\ 4 \end{pmatrix} + k \begin{pmatrix} 4 \\ -1 \\ 2 \end{pmatrix} + m \begin{pmatrix} 4 \\ -3 \\ -2 \end{pmatrix}$ in Normalenform an.

Der Normalenvektor $\vec{n}$ läßt sich aus dem Kreuzprodukt der beiden Richtungsvektoren berechnen:

$$\text{NV: } \vec{n} = \begin{pmatrix} 4 \\ -1 \\ 2 \end{pmatrix} \times \begin{pmatrix} 4 \\ -3 \\ -2 \end{pmatrix} = \begin{pmatrix} 2+6 \\ 8+8 \\ -12+4 \end{pmatrix} = \begin{pmatrix} 8 \\ 16 \\ -8 \end{pmatrix} = 8 \begin{pmatrix} 1 \\ 2 \\ -1 \end{pmatrix}$$

Als Stützvektor $\vec{a}$ können Sie jeden beliebigen Punkt der Ebene verwenden, z. B.

$$\vec{a} = \begin{pmatrix} 3 \\ 3 \\ 4 \end{pmatrix}$$

$$\text{NF E: } \begin{pmatrix} 1 \\ 2 \\ -1 \end{pmatrix} \circ \left[\vec{x} - \begin{pmatrix} 3 \\ 3 \\ 4 \end{pmatrix} \right] = 0$$

Wir können weiterrechnen, indem wir ausmultiplizieren:

$$\begin{pmatrix} 1 \\ 2 \\ -1 \end{pmatrix} \circ \vec{x} - \begin{pmatrix} 1 \\ 2 \\ -1 \end{pmatrix} \circ \begin{pmatrix} 3 \\ 3 \\ 4 \end{pmatrix} = 0 \qquad \left(\vec{x} = \begin{pmatrix} x_1 \\ x_2 \\ x_3 \end{pmatrix} \right)$$

$$x_1 + 2x_2 - x_3 - (3+6-4) = 0$$

$$\text{NF E: } x_1 + 2x_2 - x_3 - 5 = 0$$

Sie sehen: die Koeffizienten von x_1, x_2 und x_3 bilden gerade den Normalenvektor – in dieser Form kann man ihn direkt ablesen! Diese Form nennt man die

> **Koordinaten-Normalenform einer**
>
> – **Gerade im $\mathbb{R}^2$:** $\quad n_1 x_1 + n_2 x_2 + n_4 = 0 \qquad$ **(NV:** $\vec{n} = \begin{pmatrix} n_1 \\ n_2 \end{pmatrix}$ **)**
>
> – **Ebene im $\mathbb{R}^3$:** $\quad n_1 x_1 + n_2 x_2 + n_3 x_3 + n_4 = 0 \qquad$ **(NV:** $\vec{n} = \begin{pmatrix} n_1 \\ n_2 \\ n_3 \end{pmatrix}$ **)**

② Wie lautet die Gleichung der Ebene E: $x_1 + 2x_2 - x_3 - 5 = 0$ in Parameterform?

Den Normalenvektor kann man ablesen: $\vec{n} = \begin{pmatrix} 1 \\ 2 \\ -1 \end{pmatrix}$. Als Richtungsvektoren kann man also zwei beliebige, nicht kollineare, zu $\vec{n}$ senkrechte Vektoren verwenden, z. B.

$$\text{Richtungsvektoren: } \vec{u} = \begin{pmatrix} -2 \\ 1 \\ 0 \end{pmatrix} \quad \text{und} \quad \vec{v} = \begin{pmatrix} 0 \\ 1 \\ 2 \end{pmatrix} \qquad (3.4.b)$$

Als letztes brauchen wir noch einen Stützpunkt auf E; suchen Sie sich ein ganz beliebiges Zahlentripel $(x_1/x_2/x_3)$, das die Gleichung von E erfüllt, z. B. (5/0/0) [(0/0/ − 5), (3/3/4), ...]. Damit lautet E in der Parameterform

$$\text{PF E: } \vec{x} = \begin{pmatrix} 5 \\ 0 \\ 0 \end{pmatrix} + k \begin{pmatrix} -2 \\ 1 \\ 0 \end{pmatrix} + m \begin{pmatrix} 0 \\ 1 \\ 2 \end{pmatrix}$$

③ Die Ebene durch den Punkt $A(-3/1/4)$ mit dem Normalenvektor $\vec{n} = \begin{pmatrix} 2 \\ 5 \\ 0 \end{pmatrix}$ hat die Gleichung $\begin{pmatrix} 2 \\ 5 \\ 0 \end{pmatrix} \circ \left[\vec{x} - \begin{pmatrix} -3 \\ 1 \\ 4 \end{pmatrix} \right] = 0 \Leftrightarrow 2x_1 + 5x_2 + 1 = 0$

Anmerkung: Daß die x_3-Komponente entfällt, bedeutet geometrisch, daß die Ebene parallel zur x_3-Achse verläuft.

Beachten Sie außerdem den **Unterschied:**

$$\begin{pmatrix} 2 \\ 5 \\ 0 \end{pmatrix} \circ \left[\vec{x} - \begin{pmatrix} -3 \\ 1 \\ 0 \end{pmatrix} \right] = 0 \Rightarrow 2x_1 + 5x_2 + 1 = 0: \quad \text{Ebene im } \mathbb{R}^3$$

$$\begin{pmatrix} 2 \\ 5 \end{pmatrix} \circ \left[\vec{x} - \begin{pmatrix} -3 \\ 1 \end{pmatrix} \right] = 0 \Rightarrow 2x_1 + 5x_2 + 1 = 0: \quad \text{Gerade im } \mathbb{R}^2$$

(In der Koordinaten-Normalenform ist kein Unterschied zu erkennen; Vorsicht!!)

c) Auch an dieser Stelle wollen wir wieder die **Gleichungen der Koordinatenachsen bzw. Koordinatenebenen in Normalenform** angeben (leicht zu berechnen aus (2.2.e) und (2.3.d)):

1. $\mathbb{R}^2$: x_1-Achse: $x_2 = 0$ x_2-Achse: $x_1 = 0$
2. $\mathbb{R}^3$: x_1x_2-Ebene: $x_3 = 0$ x_1x_3-Ebene: $x_2 = 0$ x_2x_3-Ebene: $x_1 = 0$

d) Wann zwei Geraden/Ebenen g_1/E_1: $m_1x_1 + m_2x_2 [+ m_3x_3] + m_4 = 0$ und g_2/E_2: $n_1x_1 + n_2x_2 [+ n_3x_3] + n_4 = 0$ parallel oder identisch sind, ist in der Normalenform viel einfacher zu entscheiden als in der Parameterform: Die Normalenvektoren müssen kollinear sein ($\vec{m} = k \cdot \vec{n}$ bzw. $\frac{m_1}{n_1} = \frac{m_2}{n_2} \left[= \frac{m_3}{n_3} \right]$); ergibt sich für $\frac{m_4}{n_4}$ außerdem dasselbe Verhältnis, so ist die eine Gleichung ein Vielfaches der anderen Gleichung, die beiden Geraden/Ebenen sind also identisch – im anderen Fall sind sie parallel:

Zwei Geraden im $\mathbb{R}^2$/Ebenen im $\mathbb{R}^3$ sind

- **identisch** $\Leftrightarrow \frac{m_1}{n_1} = \frac{m_2}{n_2} \left[= \frac{m_3}{n_3} \right] = \frac{m_4}{n_4}$

- **parallel** $\Leftrightarrow \frac{m_1}{n_1} = \frac{m_2}{n_2} \left[= \frac{m_3}{n_3} \right] \neq \frac{m_4}{n_4}$

(Ein eventuell auftretender Term $\frac{0}{0}$ wird dabei nicht beachtet!)

Beispiel:

E_1: $x_1 + 2x_2 - x_3 - 5 = 0$, E_2: $-2x_1 - 4x_2 + 2x_3 + 7 = 0$, E_3: $3x_1 + 6x_2 - 3x_3 - 15 = 0$

$E_1 \parallel E_2$, denn $\frac{1}{-2} = \frac{2}{-4} = \frac{-1}{2} \neq \frac{-5}{7}$

$E_1 \equiv E_3$, denn $\frac{1}{3} = \frac{2}{6} = \frac{-1}{-3} = \frac{-5}{-15}$

Die Menge aller zu E_1 parallelen Ebenen lautet also einfach

$\underline{E_k\colon\ x_1 + 2x_2 - x_3 + k = 0}$ $(k \in \mathbb{R})$

e) Lagebeziehungen (insbesondere Gerade-Ebene und Ebene-Ebene im $\mathbb{R}^3$) lassen sich mit Hilfe der Normalenform und des Skalarprodukts besonders einfach beschreiben, z. B.

- $g \perp E \quad \Leftrightarrow \vec{u}_g = k \cdot \vec{n}_E$
- $g \parallel E \vee g \equiv E \quad \Leftrightarrow \vec{u}_g \circ \vec{n}_E = 0$ (2.4.c.2)
- $E_1 \perp E_2 \quad \Leftrightarrow \vec{n}_{E_1} \circ \vec{n}_{E_2} = 0$
- $E_1 \parallel E_2 \vee E_1 \equiv E_2 \Leftrightarrow \vec{n}_{E_1} = k \cdot \vec{n}_{E_2}$ usw.

(Ein Tip zum Erkennen solcher Beziehungen: Betrachten Sie immer das Verhalten der Vektoren, die bei dem betreffenden Objekt „im wesentlichen eindeutig“ sind (also bei den Geraden die Richtungs-, bei Ebenen die Normalenvektoren)!).

f) Beispiele:

① Die Gerade g ist durch ihre Achsenabschnitte $s = 3$ und $t = 4$ gegeben. Geben Sie eine Normalenform von g an.

$s = 3$ und $t = 4$ bedeutet, daß die Punkte $(3/0)$ und $(0/-4)$ auf g liegen.

$\vec{u}_g = \begin{pmatrix} 3 \\ 0 \end{pmatrix} - \begin{pmatrix} 0 \\ -4 \end{pmatrix} = \begin{pmatrix} 3 \\ 4 \end{pmatrix} \Rightarrow \vec{n}_g = \begin{pmatrix} -4 \\ 3 \end{pmatrix}$

NF g: $\begin{pmatrix} -4 \\ 3 \end{pmatrix} \circ \left[\vec{x} - \begin{pmatrix} 3 \\ 0 \end{pmatrix}\right] = 0 \Leftrightarrow$

$\underline{-4x_1 + 3x_2 + 12 = 0}$

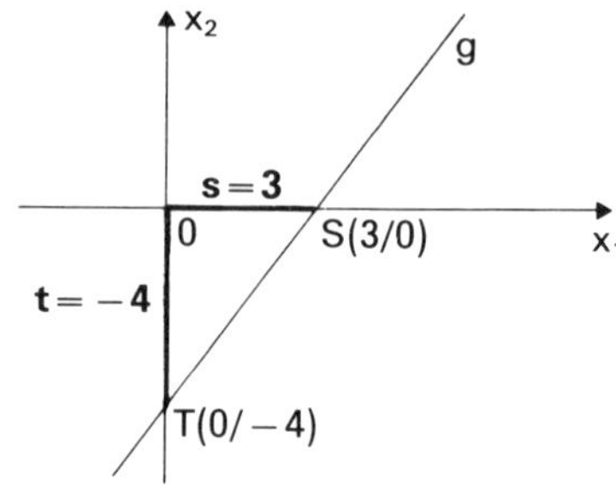

Anmerkung: Es gibt auch eine sogenannte

> **Achsenabschnittsform der Gerade im $\mathbb{R}^2$/Ebene im $\mathbb{R}^3$:**
>
> $\frac{x_1}{s} + \frac{x_2}{t} \left[+ \frac{x_3}{u} \right] = 1$

in die man die obigen Werte direkt einsetzen könnte:

$\frac{x_1}{3} + \frac{x_2}{-4} = 1 \quad |\cdot 12 \Leftrightarrow \underline{4x_1 - 3x_2 = 12}$

② Will man umgekehrt die Achsenabschnitte der Geraden $-4x_1 + 3x_2 + 12 = 0$ berechnen, so setzt man einfach

$x_1 = 0$: $3x_2 + 12 = 0 \Rightarrow x_2 = -4$ T(0/−4) $\underline{t = -4}$ und

$x_2 = 0$: $-4x_1 + 12 = 0 \Rightarrow x_1 = 3$ S(3/0) $\underline{s = 3}$.

③ Bei einer Ebene muß man gleichzeitig 2 der 3 Variablen x_1, x_2 und x_3 zu Null setzen.

Beispiel:

Achsenabschnitte der Ebene E: $x_1 + 2x_2 - x_3 - 5 = 0$:

$x_1 = 0 \wedge x_2 = 0$: $x_3 = -5$ U(0/0/−5) $\underline{u = -5}$

$x_1 = 0 \wedge x_3 = 0$: $x_2 = 2{,}5$ T(0/2,5/0) $\underline{t = 2{,}5}$

$x_2 = 0 \wedge x_3 = 0$: $x_1 = 5$ S(5/0/0) $\underline{s = 5}$

④ Gesucht sind die Gleichungen aller Kugeln mit dem Radius r = 30 LE, die die Ebene E: $11x_1 - 2x_2 + 10x_3 = 0$ im Punkt $A(2/1/-2) \in E$ berühren.

M_1 und M_2 liegen auf der Lotgeraden zu E durch A: $\vec{u}_l = \vec{n}_E$. Die Lösungsidee ebenso wie die Alternativen entsprechen (3.5.d.3):

$$\vec{m}_{1/2} = \vec{a} \pm r \cdot \vec{n}_E^0$$

$$= \begin{pmatrix} 2 \\ 1 \\ -2 \end{pmatrix} \pm 30 \cdot \frac{1}{15} \begin{pmatrix} 11 \\ -2 \\ 10 \end{pmatrix} = \begin{pmatrix} 2 \\ 1 \\ -2 \end{pmatrix} \pm 2 \begin{pmatrix} 11 \\ -2 \\ 10 \end{pmatrix}$$

$$\underline{K_1: \left[\vec{x} - \begin{pmatrix} 24 \\ -3 \\ 18 \end{pmatrix}\right]^2 = 900}, \quad \underline{K_2: \left[\vec{x} - \begin{pmatrix} -20 \\ 5 \\ -22 \end{pmatrix}\right]^2 = 900}$$

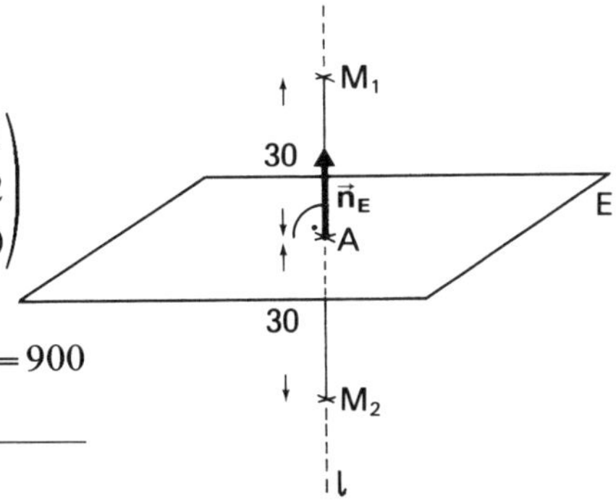

⑤ Der Kreis K: $\left[\vec{x} - \begin{pmatrix} 2 \\ 1 \end{pmatrix}\right]^2 = 25$ wird von der Geraden g: $\vec{x} = \begin{pmatrix} 5 \\ 5 \end{pmatrix} + k \begin{pmatrix} 1 \\ -7 \end{pmatrix}$ in den Punkten P und Q geschnitten. Welche Gleichungen haben die beiden Tangenten t_1 und t_2 in P und Q? Unter welchem Winkel schneiden sich t_1 und t_2?

$g \cap K$: P(5/5), Q(6/−2) (nach (3.5.c))

Tangente und Radiusvektor stehen aufeinander senkrecht: $\overrightarrow{MP} = \vec{n}_{t_1}$, $\overrightarrow{MQ} = \vec{n}_{t_2}$

$$\overrightarrow{MP} = \begin{pmatrix} 5 \\ 5 \end{pmatrix} - \begin{pmatrix} 2 \\ 1 \end{pmatrix} = \begin{pmatrix} 3 \\ 4 \end{pmatrix},$$

$$\overrightarrow{MQ} = \begin{pmatrix} 6 \\ -2 \end{pmatrix} - \begin{pmatrix} 2 \\ 1 \end{pmatrix} = \begin{pmatrix} 4 \\ -3 \end{pmatrix}$$

$$\underline{t_1: \begin{pmatrix} 3 \\ 4 \end{pmatrix} \circ \left[\vec{x} - \begin{pmatrix} 5 \\ 5 \end{pmatrix}\right] = 0} \Leftrightarrow \underline{3x_1 + 4x_2 - 35 = 0}$$

$$\underline{t_2: \begin{pmatrix} 4 \\ -3 \end{pmatrix} \circ \left[\vec{x} - \begin{pmatrix} 6 \\ -2 \end{pmatrix}\right] = 0} \Leftrightarrow \underline{4x_1 - 3x_2 - 30 = 0}$$

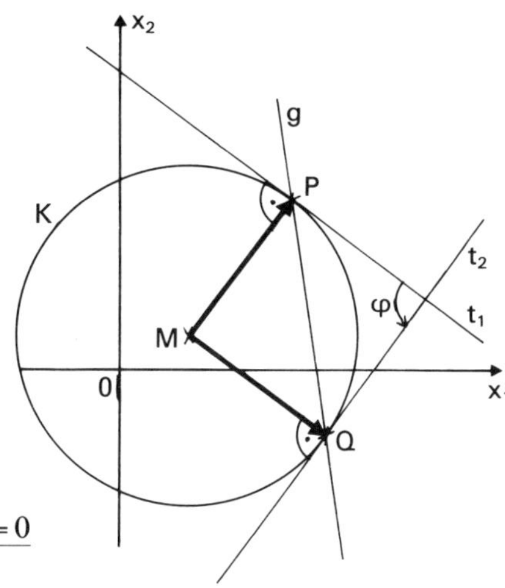

Da $\vec{n}_{t_1} \circ \vec{n}_{t_2} = \begin{pmatrix} 3 \\ 4 \end{pmatrix} \circ \begin{pmatrix} 4 \\ -3 \end{pmatrix} = 0$, ist $\underline{\varphi = 90°}$.

⑥ Legen Sie vom Punkt P(7/1) aus die Tangenten an den Kreis K: $\vec{x}^2 = 25$.

Wir wollen zunächst die Berührpunkte B_1 und B_2 (Ortsvektor $\vec{b}$) berechnen:

(α) B_1 und B_2 liegen auf K, also:

$$\vec{b}^2 = 25 \Leftrightarrow b_1^2 + b_2^2 = 25$$

(β) Die allgemeine Tangentengleichung in Normalenform lautet

$$\overrightarrow{0B} \circ (\vec{x} - \overrightarrow{0B}) = 0 \Leftrightarrow \vec{b} \circ (\vec{x} - \vec{b}) = 0$$

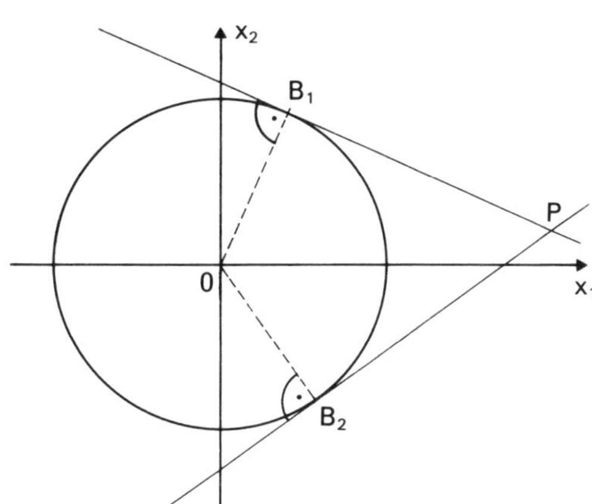

Auf dieser Tangente muß der Punkt P liegen:

$$\begin{pmatrix} b_1 \\ b_2 \end{pmatrix} \circ \left[\begin{pmatrix} 7 \\ 1 \end{pmatrix} - \begin{pmatrix} b_1 \\ b_2 \end{pmatrix}\right] = 0 \Leftrightarrow 7b_1 + b_2 - b_1^2 - b_2^2 = 0$$

Damit haben wir ein Gleichungssystem

$$\begin{cases} 7b_1 + b_2 - b_1^2 - b_2^2 = 0 \\ \qquad\qquad b_1^2 + b_2^2 = 25 \end{cases}$$

Übergang zum Gleichungssystem $\begin{cases} (1)+(2) \\ (2) \end{cases}$

$$+ \overline{7b_1 + b_2 \qquad\qquad = 25}$$

$$\begin{cases} 7b_1 + b_2 = 25 \\ b_1^2 + b_2^2 = 25 \end{cases} \quad (**)$$

$b_2 = 25 - 7b_1$ (*) in (2)

$$b_1^2 + (25 - 7b_1)^2 = 25$$
$$b_1^2 + 625 - 350b_1 + 49b_1^2 - 25 = 0$$
$$50b_1^2 - 350b_1 + 600 = 0$$
$$b_1^2 - 7b_1 + 12 = 0$$

Die Rechnung entspricht dem *Schnitt einer Gerade in Normalenform* (g: $7x_1 + x_2 = 25$) *mit einem Kreis* (K: $x_1^2 + x_2^2 = 25$)

$$b_{1/1} = 3 \quad b_{1/2} = 4$$

in (*)

$$\Rightarrow b_{2/1} = 4 \quad b_{2/2} = -3$$

Berührpunkte: $B_1(3/4)$, $B_2(4/-3)$

Die Aufstellung der Tangentengleichungen folgt nun exakt dem Beispiel ⑤:

t_1: $3x_1 + 4x_2 - 25 = 0$, t_2: $4x_1 - 3x_2 - 25 = 0$

g) Speziell für die Gerade im $\mathbb{R}^2$ gibt es einige Formeln, die Sie zum Teil noch von früher her kennen: Löst man $n_1x_1 + n_2x_2 + n_4 = 0$ nach x_2 auf $\left(x_2 = -\frac{n_1}{n_2}x_1 - \frac{n_4}{n_2}\right)$, so erhält man die bekannte

Funktionsform der Gerade:

$$\mathbf{x_2 = m \cdot x_1 + t}$$

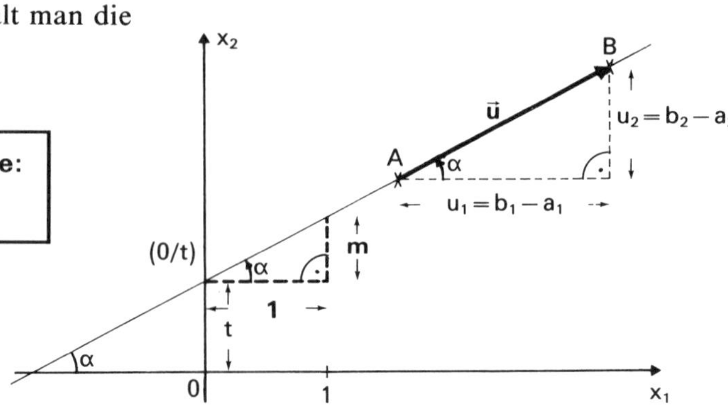

Dabei gilt speziell für den

Richtungsfaktor m:

$$m = \frac{u_2}{u_1} = \frac{b_2 - a_2}{b_1 - a_1} = \tan\alpha$$

Setzt man m in die Funktionsform ein, erhält man zwei weitere Formeln:

Punkt-Richtungsform:	$\frac{x_2 - a_2}{x_1 - a_1} = m$	bzw.
Zweipunkteform:	$\frac{x_2 - a_2}{x_1 - a_1} = \frac{b_2 - a_2}{b_1 - a_1}$	$(b_1 \neq a_1)$

Mit Hilfe von m kann man auch sehr einfach die Frage klären, wann 2 Geraden g_1 und g_2 mit den Richtungsfaktoren m_1 und m_2 senkrecht aufeinander stehen:

$m_1 = \frac{u_2}{u_1}$, $m_2 = \frac{-u_1}{u_2}$ (3.4.a). Damit ist $m_1 \cdot m_2 = \frac{u_2}{u_1} \cdot \frac{-u_1}{u_2} = -1$

$$\boxed{g_1 \perp g_2 \Leftrightarrow m_1 \cdot m_2 = -1}$$

Beispiel:

Die Gerade g_1 durch die Punkte A(2/1) und B(6/−1) besitzt die Gleichung

$$\frac{x_2 - 1}{x_1 - 2} = \frac{-1-1}{6-2} \quad (\Rightarrow \underline{m = -\frac{2}{4} = -\frac{1}{2}} \Rightarrow \underline{\alpha = 153{,}43°})$$

$$2(x_2 - 1) = -1(x_1 - 2)$$

$\underline{g_1\colon x_1 + 2x_2 - 4 = 0} \Leftrightarrow \underline{x_2 = -\frac{1}{2}x_1 + 2}$

Die zu g_1 durch A senkrechte Gerade g_2 hat daher $m = 2$: $\frac{x_2 - 1}{x_1 - 2} = 2$

$\underline{g_2\colon 2x_1 - x_2 - 3 = 0} \Leftrightarrow \underline{x_2 = 2x_1 - 3}$

Aufgaben:

1. Stellen Sie nach den vorgegebenen Bedingungen die Gleichung der Ebene E in Normalenform auf:

(a) $A(2/4/1) \in E$, $\quad \vec{u} = \begin{pmatrix} 1 \\ 0 \\ -1 \end{pmatrix}$, $\vec{v} = \begin{pmatrix} 2 \\ 4 \\ 1 \end{pmatrix} \subset E$

(b) $A(0/3/4) \in E, \quad \vec{u} = \begin{pmatrix} 1 \\ 3 \\ -4 \end{pmatrix}, \quad \vec{v} = \begin{pmatrix} -1 \\ -2 \\ 4 \end{pmatrix} \subset E$

(c) $A(3/4/-2) \in E, \quad \vec{u} = \begin{pmatrix} 4 \\ 3 \\ 0 \end{pmatrix}, \quad \vec{v} = \begin{pmatrix} -1 \\ 5 \\ 0 \end{pmatrix} \subset E$

(d) $A(4/2/-3)$, $B(7/-1/0)$, $C(2/8/-4) \in E$

(e) $A(4/0/3)$, $B(-2/0/-3)$, $C(5/0/1) \in E$

(f) $A(4/-3/3)$, $B(2/-2/0)$, $C(-2/0/-6) \in E$

(g) $A(1/3/6) \in E, \quad g\colon \vec{x} = \begin{pmatrix} 4 \\ 0 \\ 3 \end{pmatrix} + k \begin{pmatrix} 2 \\ 1 \\ -1 \end{pmatrix} \subset E$

(h) wie (g), aber $g \perp E$

(i) $g\colon \vec{x} = k \begin{pmatrix} 2 \\ 5 \\ -1 \end{pmatrix}, \quad h\colon \vec{x} = \begin{pmatrix} 4 \\ 10 \\ -2 \end{pmatrix} + m \begin{pmatrix} 1 \\ 1 \\ -1 \end{pmatrix} \subset E$

(j) $g\colon \vec{x} = k \begin{pmatrix} 3 \\ -3 \\ 3 \end{pmatrix}, \quad h\colon x = \begin{pmatrix} 2 \\ 0 \\ 4 \end{pmatrix} + m \begin{pmatrix} -4 \\ 4 \\ -4 \end{pmatrix} \subset E$

(k) $A(-4/2/-3) \in E, \quad E \parallel E'\colon \vec{x} = \begin{pmatrix} 2 \\ 0 \\ -4 \end{pmatrix} + m \begin{pmatrix} -1 \\ 2 \\ 1 \end{pmatrix} + n \begin{pmatrix} 1 \\ 1 \\ -7 \end{pmatrix}$

(l) $s = 3, \; t = -4, \; u = -1$

(m) $g\colon \vec{x} = \begin{pmatrix} 1 \\ -1 \\ 3 \end{pmatrix} + k \begin{pmatrix} 1 \\ 6 \\ -2 \end{pmatrix} \subset E, \quad E \perp E'\colon \vec{x} = m \begin{pmatrix} 2 \\ -1 \\ 1 \end{pmatrix} + n \begin{pmatrix} 3 \\ -1 \\ -1 \end{pmatrix}$

2. Stellen Sie nach den vorgegebenen Bedingungen die Gleichung der Gerade g im $\mathbb{R}^2$ in Normalenform auf:

(a) $g\colon \vec{x} = \begin{pmatrix} 2 \\ 1 \end{pmatrix} + k \begin{pmatrix} 4 \\ 1 \end{pmatrix}$

(b) $A(4/-2) \in g, \quad \vec{u} = \begin{pmatrix} 5 \\ -2 \end{pmatrix}$

(c) $A(2/-3) \in g, \quad g \parallel g'\colon 4x_1 - 3x_2 + 5 = 0$

(d) $A(4/1) \in g, \quad g \parallel g'\colon \vec{x} = \begin{pmatrix} -2 \\ -3 \end{pmatrix} + k \begin{pmatrix} 1 \\ -2 \end{pmatrix}$

(e) $A(0/0) \in g, \quad g \perp g'\colon \vec{x} = \begin{pmatrix} 4 \\ 3 \end{pmatrix} + k \begin{pmatrix} -1 \\ 3 \end{pmatrix}$

(f) $A(5/1) \in g, \quad g \perp g': 2x_1 - 4x_2 + 5 = 0$
(g) $A(4/3), \quad B(2/-1) \in g$
(h) $A(2/3), \quad B(-3/5) \in g$
(i) $A(1/-2), B(5/-2) \in g$
(j) $A(2/-3), B(2/4) \in g$
(k) $s = 3, \; t = -2$ (l) $A(-3/3) \in g, \; m = \frac{3}{2}$
(m) $A(2/-3) \in g$, Steigungswinkel $\alpha = 153°26'6''$

3. Welche Gleichungen in Normalenform besitzen die Tangenten/Tangentialebenen in den angegebenen Punkten an den Kreis/die Kugel K; welche Lage haben sie zueinander?

(a) K: $\left[\vec{x} - \begin{pmatrix} -2 \\ -3 \end{pmatrix}\right]^2 = 169$; $P_1(3/9)$, $P_2(-14/2)$, $P_3(10/-8)$

(b) K: $\left[\vec{x} - \begin{pmatrix} 3 \\ -2 \\ 2 \end{pmatrix}\right]^2 = 9$; $P_1(5/-3/4)$, $P_2(1/-4/3)$, $P_3(1/-1/0)$

4. Legen Sie vom Punkt $P\left(\frac{28}{3}\Big/1\right)$ aus die Tangenten an den Kreis K: $\left[\vec{x} - \begin{pmatrix} 1 \\ 1 \end{pmatrix}\right]^2 = 25$. Wie lang sind die Tangentenabschnitte $\overline{PB_1}$ und $\overline{PB_2}$ sowie die Berührsehne $\overline{B_1B_2}$?

4.2 Schnitte 2 (Schnitte in Normalenform)

a) Schnitt zweier Geraden in Normalenform im $\mathbb{R}^2$

Den Schnittpunkt S berechnen Sie, indem Sie die beiden Geradengleichungen zum Gleichungssystem zusammenfassen (siehe (2.1.a)).

Beispiel:

$g_1: 3x_1 + 4x_2 - 1 = 0, \quad g_2: x_1 - 2x_2 - 7 = 0$

$$\begin{cases} 3x_1 + 4x_2 = 1 \\ x_1 - 2x_2 = 7 \quad | \cdot 2 \end{cases}$$

$$\begin{cases} 3x_1 + 4x_2 = 1 \\ 2x_1 - 4x_2 = 14 \end{cases}$$

$$+ \overline{\qquad\qquad\qquad}$$

$$5x_1 \qquad = 15$$

$$x_1 = 3 \;\Rightarrow\; x_2 = -2 \;\Rightarrow\; \underline{S(3/-2)}$$

b) Lage zweier Geraden in Normalenform im $\mathbb{R}^2$
(vergleichen Sie mit (4.1.d) und (4.1.e))

$m_1 = m_2 \Leftrightarrow g_1 \| g_2 \vee g_1 \equiv g_2$	(Setzen Sie zusätzlich einen Punkt von g_1 in g_2 ein bzw. umgekehrt, um beide Fälle zu trennen!)
$m_1 \neq m_2 \Leftrightarrow g_1$ **schneidet** g_2	

c) Spurgeraden (siehe (2.4.b))

Die Spurgeraden einer Ebene E in Normalenform erhält man ganz einfach dadurch, daß man $x_1 = 0$ ($x_2 = 0 / x_3 = 0$) in die Ebenengleichung einsetzt.

Beispiel:

E: $3x_1 - 5x_2 + x_3 + 2 = 0$

Die Gleichungen der 3 Spurgeraden sind dann:

s_1: $3x_1 - 5x_2 + 2 = 0$ $\quad(\subset x_1x_2\text{-Ebene}/x_3 = 0)$

s_2: $3x_1 + x_3 + 2 = 0$ $\quad(\subset x_1x_3\text{-Ebene}/x_2 = 0)$

s_3: $-5x_2 + x_3 + 2 = 0$ $\quad(\subset x_2x_3\text{-Ebene}/x_1 = 0)$

Beachten Sie, daß Sie den Schnittpunkt zweier Geraden, die in **verschiedenen** Koordinatenebenen (wie z. B. 2 Spurgeraden) liegen, in Normalenform **nicht** nach (4.2.a) berechnen können; hier hilft nur die Umwandlung der Geradengleichungen in dreidimensionale Parameterformen (analog (4.1.b.1)).

Beispiel:

Schnitt der beiden Spurgeraden s_1 und s_2:

2 beliebige Punkte auf s_1 sind z. B. $\left(0 \middle/ \frac{2}{5} \middle/ 0\right)$ und $\left(-\frac{2}{3} \middle/ 0 \middle/ 0\right)$. In die vektorielle Zweipunkteform eingesetzt ergibt sich s_1: $\vec{x} = \begin{pmatrix} 0 \\ 0{,}4 \\ 0 \end{pmatrix} + k \begin{pmatrix} 5 \\ 3 \\ 0 \end{pmatrix}$. Dasselbe machen Sie mit s_2 (s_2: $\vec{x} = \begin{pmatrix} 0 \\ 0 \\ -2 \end{pmatrix} + m \begin{pmatrix} -1 \\ 0 \\ 3 \end{pmatrix}$); danach können Sie den Schnittpunkt nach (2.4.a) berechnen.
(Es geht wesentlich schneller, wenn Sie erkennen, daß die Schnittpunkte zweier Spurgeraden gerade die Achsenabschnitte der Ebene sind!)

d) Schnitt zweier Ebenen in Normalenform im $\mathbb{R}^3$

Wenn Sie die Spurgeraden der beiden Ebenen innerhalb derselben Koordinatenebene miteinander schneiden, erhalten Sie einen Spurpunkt der Schnittgeraden s. Diese Rechnung in 2 verschiedenen Koordinatenebenen liefert also 2 Spurpunkte der Schnittgeraden s, deren Gleichung Sie dann mit der vektoriellen Zweipunkteform erhalten.

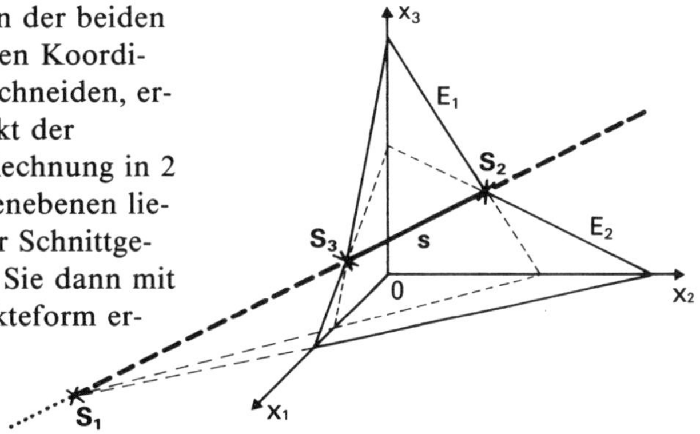

Beispiel:

$E_1\colon x_1 - x_2 + x_3 + 1 = 0, \quad E_2\colon x_1 + 2x_2 - x_3 - 5 = 0$

$$(\alpha)\quad \begin{cases} x_1 - x_2 + 1 = 0 \\ x_1 + 2x_2 - 5 = 0 \end{cases}$$

$$-\quad 3x_2 - 6 = 0$$

$$x_2 = 2 \Rightarrow x_1 = 1 \Rightarrow \underline{S_1(1/2/0)}$$

Spurgeraden in der x_1x_2-Ebene ($x_3 = 0$) schneiden

$$(\beta)\quad \begin{cases} x_1 + x_3 + 1 = 0 \\ x_1 - x_3 - 5 = 0 \end{cases}$$

$$+\quad 2x_1 \quad - 4 = 0$$

$$x_1 = 2 \Rightarrow x_3 = -3 \Rightarrow \underline{S_2(2/0/-3)}$$

Spurgeraden in der x_1x_3-Ebene ($x_2 = 0$) schneiden

$$s\colon \vec{x} = \begin{pmatrix} 1 \\ 2 \\ 0 \end{pmatrix} + k\left[\begin{pmatrix} 2 \\ 0 \\ -3 \end{pmatrix} - \begin{pmatrix} 1 \\ 2 \\ 0 \end{pmatrix}\right]$$

$$\underline{s\colon \vec{x} = \begin{pmatrix} 1 \\ 2 \\ 0 \end{pmatrix} + k\begin{pmatrix} 1 \\ -2 \\ -3 \end{pmatrix}}$$

Schnittgerade durch S_1 und S_2 (2.2.c)

Alternative: Da der Richtungsvektor der Schnittgeraden $\vec{u} = \begin{pmatrix} 1 \\ -2 \\ -3 \end{pmatrix}$ beiden Ebenen als Richtungsvektor angehört und damit senkrecht auf den Normalenvektoren beider Ebenen steht, kann man sich die Berechnung des zweiten Spurpunktes sparen und statt dessen $\vec{u}_s$ über das Kreuzprodukt $\vec{u}_s = \vec{n}_{E_1} \times \vec{n}_{E_2}$ berechnen.

Also: nur (α), anschließend $\vec{u}_s = \begin{pmatrix} 1 \\ -1 \\ 1 \end{pmatrix} \times \begin{pmatrix} 1 \\ 2 \\ -1 \end{pmatrix} = \begin{pmatrix} 1-2 \\ 1+1 \\ 2+1 \end{pmatrix} = \begin{pmatrix} -1 \\ 2 \\ 3 \end{pmatrix}$

Achtung: **Nicht** – beide Ebenengleichungen gleichsetzen!
– Gleichungssystem aus beiden Ebenengleichungen bilden!
(Beides endet im Chaos!!)

Aufgaben:

1. Gegeben ist die Gerade g: $\vec{x} = \begin{pmatrix} 4 \\ -1 \end{pmatrix} + k \begin{pmatrix} 6 \\ -4 \end{pmatrix}$.

   (a) Formen Sie g in Normalenform um.

   Entscheiden Sie anhand dieser Form, wie g liegt zu

   (b) h_1: $4x_1 - x_2 + 11 = 0$
   (c) h_2: $3x_1 - 2x_2 - 40 = 0$
   (d) h_3: $-6x_1 - 9x_2 + 15 = 0$
   (e) h_4: $8x_1 + 12x_2 + 20 = 0$

2. Berechnen Sie nochmals die Aufgaben in (3.4) Nr. 5–7, jetzt aber mit allen Geraden in der Normalenform. (Bei Nr. 7 lassen Sie bitte die Winkelhalbierenden und den Punkt I weg!)

3. Formen Sie die 3 Ebenen, die am Anfang von Abschnitt (2.4) gegeben sind, in Normalenform um. Berechnen Sie damit dann den Schnitt von

   (a) $E_1 \cap E_3$
   (b) $E_2 \cap E_3$

4. Gegeben sind die beiden Ebenen E_1: $\vec{x} = \begin{pmatrix} 2 \\ 5 \\ -2 \end{pmatrix} + m \begin{pmatrix} 4 \\ 2 \\ -1 \end{pmatrix} + n \begin{pmatrix} -8 \\ 3 \\ 2 \end{pmatrix}$ und E_2: $\vec{x} = \begin{pmatrix} 2 \\ 4 \\ -2 \end{pmatrix} + r \begin{pmatrix} 3 \\ 2 \\ -2 \end{pmatrix} + s \begin{pmatrix} -6 \\ 1 \\ 4 \end{pmatrix}$. Formen Sie beide Ebenen in Normalenform um und berechnen Sie die Gleichung der Schnittgerade s.

4.3 Schnitte 3 (Schnitte Parameterform - Normalenform)

Der Ansatz für all diese Schnitte besteht darin, die Parameterform in ihre Komponentengleichungen aufzulösen und in die Normalenform einzusetzen.

a) Schnitt einer Gerade in Parameterform mit einer Geraden in Normalenform im $\mathbb{R}^2$

Beispiel:

$$g_1: \vec{x} = \begin{pmatrix} 1 \\ 1 \end{pmatrix} + k \begin{pmatrix} 2 \\ -1 \end{pmatrix}, \qquad g_2: x_1 - 2x_2 - 3 = 0$$

$$g_1: \begin{cases} x_1 = 1 + 2k \\ x_2 = 1 - k \end{cases} \qquad \text{in } g_2:$$

$$(1+2k) - 2(1-k) - 3 = 0$$

$$1 + 2k - 2 + 2k - 3 = 0$$

$$k = 1 \qquad \text{in } g_1: \quad \underline{S(3/0)}$$

b) Schnitt einer Gerade in Parameterform mit einer Ebene in Normalenform im $\mathbb{R}^3$

Beispiel:

$$g: \vec{x} = \begin{pmatrix} -4 \\ 10 \\ 9 \end{pmatrix} + k \begin{pmatrix} 3 \\ -6 \\ -7 \end{pmatrix}, \qquad E: x_1 + 2x_2 - x_3 - 3 = 0$$

$$g: \begin{cases} x_1 = -4 + 3k \\ x_2 = 10 - 6k \\ x_3 = 9 - 7k \end{cases} \qquad \text{in } E:$$

$$(-4+3k) + 2(10-6k) - (9-7k) - 3 = 0$$

$$k = 2 \qquad \text{in } g: \quad \underline{S(2/-2/-5)}$$

c) Schnitt einer Ebene in Parameterform mit einer Ebene in Normalenform im $\mathbb{R}^3$
(siehe (2.4.f)/dieselbe Aufgabe!)

Beispiel:

$$E_1: \vec{x} = \begin{pmatrix} -2 \\ 3 \\ 4 \end{pmatrix} + m \begin{pmatrix} 2 \\ 1 \\ -1 \end{pmatrix} + n \begin{pmatrix} -1 \\ 3 \\ 4 \end{pmatrix}, \qquad E_2: x_1 + 2x_2 - x_3 - 5 = 0$$

$$E_1: \begin{cases} x_1 = -2 + 2m - n \\ x_2 = 3 + m + 3n \\ x_3 = 4 - m + 4n \end{cases} \qquad \text{in } E_2:$$

$$\begin{aligned} (-2+2m-n)+2(3+m+3n)-(4-m+4n)-5&=0\\ -2+2m-n+6+2m+6n-4+m-4n-5&=0\\ 5m+n-5&=0\\ n&=5-5m \end{aligned}$$

Damit haben Sie die Beziehung zwischen den Parametern der Ebene E_1, die Sie wieder in E_1 einsetzen müssen; die Rechnung verläuft ab hier identisch zu (2.4.f).

d) Beispiele:

① *Lot Punkt → Ebene*

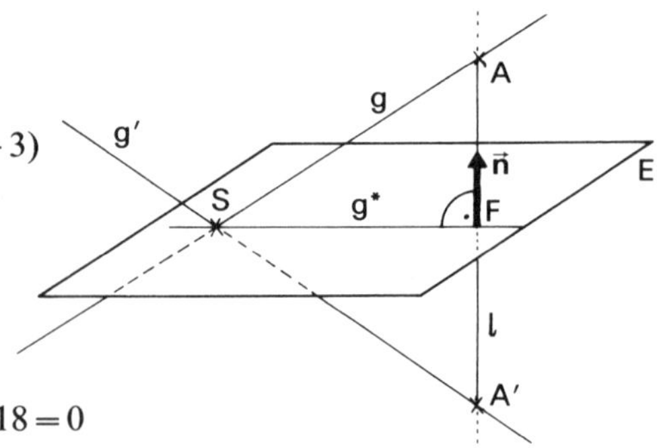

Fällen Sie das Lot vom Punkt A(5/7/−3) auf die Ebene E: $2x_1 + 2x_2 - x_3 + 18 = 0$.

$$l: \vec{x} = \begin{pmatrix} 5 \\ 7 \\ -3 \end{pmatrix} + k \begin{pmatrix} 2 \\ 2 \\ -1 \end{pmatrix}$$

$$\begin{aligned} l \cap E: 2(5+2k)+2(7+2k)-(-3-k)+18&=0\\ 10+4k+14+4k+3+k+18&=0\\ k&=-5 \end{aligned}$$

in l: F(−5/−3/2)

d(A, E) = d(A, F) = 15 LE

② *Projektionsgerade*

Projizieren Sie die Gerade g: $\vec{x} = \begin{pmatrix} 5 \\ 7 \\ -3 \end{pmatrix} + k \begin{pmatrix} 2 \\ 17 \\ -7 \end{pmatrix}$ senkrecht auf die Ebene E.

Berechnen Sie zunächst nach ① den Punkt F; den Schnittpunkt $g \cap E$ bestimmen Sie nach (4.3.b) (S(3/−10/4)). Die Projektionsgerade g* läuft dann durch F und S:

$$g^*: \vec{x} = \begin{pmatrix} -5 \\ -3 \\ 2 \end{pmatrix} + k \begin{pmatrix} 8 \\ -7 \\ 2 \end{pmatrix}$$

③ *Ebenenspiegelung*

Spiegeln Sie die Gerade g an der Ebene E.

Vom Anfangspunkt der Geraden fällen Sie zunächst das Lot auf die Ebene E wie in Beispiel ①; den Spiegelpunkt A′ erhalten Sie durch

$$\vec{a'}=\vec{a}+2\,\overrightarrow{AF}=\begin{pmatrix}5\\7\\-3\end{pmatrix}+2\left[\begin{pmatrix}-5\\-3\\2\end{pmatrix}-\begin{pmatrix}5\\7\\-3\end{pmatrix}\right]=\begin{pmatrix}-15\\-13\\7\end{pmatrix}\qquad A'(-15/-13/7)$$

Nach der Berechnung von S wie in ② können Sie dann die Spiegelgerade g′ durch A′ und S legen:

$$g'\colon \vec{x}=\begin{pmatrix}3\\-10\\4\end{pmatrix}+k\begin{pmatrix}6\\1\\-1\end{pmatrix}$$

④ *Schnitt Kugel–Ebene*

Berechnen Sie Mittelpunkt M_s und Radius r_s des Schnittkreises der

Kugel K: $\left[\vec{x}-\begin{pmatrix}-7\\-4\\4\end{pmatrix}\right]^2=100$ mit der

Ebene E: $7x_1+4x_2-4x_3=0$.

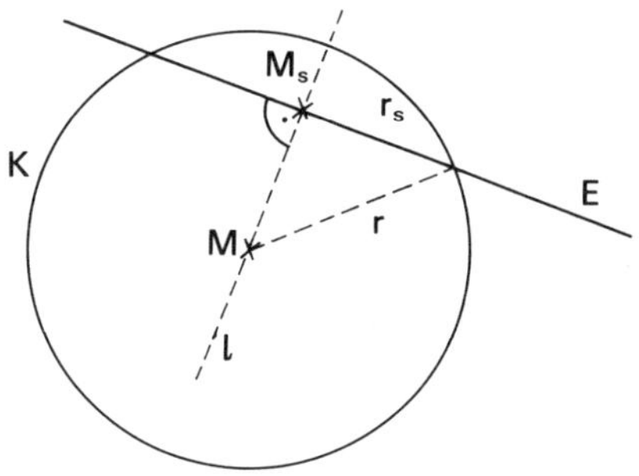

Zur Berechnung von M_s fällen Sie einfach das Lot von M auf E (4.3.d.1); dies ergibt $M_s(0/0/0)$.

$d(M, M_s)=9$ LE (3.2.b)

Über Pythagoras: $10^2=9^2+r_s^2$ ergibt sich $r_s=\sqrt{19}$ LE.

Achtung: Eine Kreisgleichung können Sie **nicht** aufstellen (3.5.a)!!

⑤ *Lot Punkt → Gerade im* $\mathbb{R}^2$

Fällen Sie das Lot vom Punkt P(5/7) auf die Gerade g: $x_1+2x_2-4=0$.

Da $\vec{n}_g=\vec{u}_l$, ergibt sich für die Lotgerade l: $\vec{x}=\begin{pmatrix}5\\7\end{pmatrix}+k\begin{pmatrix}1\\2\end{pmatrix}$. $l\cap g$ (nach (4.3.a)) liefert den Lotfußpunkt F(2/1).

$d(P, g)=d(P, F)=3\sqrt{5}$ LE.

e) Anmerkung: Wir haben nun alle Möglichkeiten für den Schnitt zwischen Gerade und Ebene besprochen.

Empfehlung: Verwenden Sie – wenn möglich – Geraden in der Parameterform und Ebenen in der Normalenform!

Bei der Klärung von Lagebeziehungen bzw. bei anfallenden Schnitten haben Sie es dann am einfachsten!

Aufgaben:

1. Berechnen Sie nochmals sämtliche Aufgaben von (4.2), jetzt aber in der gemischten Form. (Wandeln Sie eine Gerade/Ebene in die Normalenform um und schneiden Sie sie mit der anderen Geraden/Ebene in Parameterform.)

2. Berechnen Sie nochmals die Aufgaben (2.4) Nr. 3–6, indem Sie alle Ebenen (außer E_4) in der Normalenform verwenden. (E_1–E_3: siehe Lösung zu (4.2) Aufgabe 3. / E_5–E_9 müssen Sie zunächst noch umformen!)

3. Fällen Sie vom Punkt P aus das Lot auf die Gerade g/Ebene E und berechnen Sie den Abstand:

   (a) P(0/0), g: $2x_1 + x_2 - 10 = 0$
   (b) P(−1/3), g: $3x_1 - x_2 - 14 = 0$
   (c) P(1/5/2), E: $2x_1 + 3x_2 + 6x_3 + 20 = 0$
   (d) P(6/7/3), E: $11x_1 - 2x_2 + 10x_3 + 143 = 0$

4. Projizieren Sie die Gerade g: $\vec{x} = \begin{pmatrix} 1 \\ 5 \\ 2 \end{pmatrix} + k \begin{pmatrix} -7 \\ 15 \\ 3 \end{pmatrix}$ senkrecht auf die Ebene E aus Aufgabe 3.(c) und bestimmen Sie das Spiegelbild g' bezüglich E.

5. Bestimmen Sie Mittelpunkt und Radius des Schnittkreises der Kugel K mit der Ebene E:

   (a) K: $\vec{x}^2 = 25$, E: $2x_1 + 2x_2 - x_3 - 9 = 0$

   (b) K: $\left[\vec{x} - \begin{pmatrix} 5 \\ 5 \\ 9 \end{pmatrix}\right]^2 = 169$, E: $2x_1 - x_2 - 2x_3 - 23 = 0$

   (c) K: $\left[\vec{x} - \begin{pmatrix} 3 \\ 5 \\ 6 \end{pmatrix}\right]^2 = 16$, E: $6x_1 - 3x_2 - 2x_3 - 40 = 0$

   (d) K: $\left[\vec{x} - \begin{pmatrix} 4 \\ 2 \\ -1 \end{pmatrix}\right]^2 = 36$, E: $7x_1 - 4x_2 - 4x_3 - 24 = 0$

4.4 Winkelmessung 2

In (3.3.b) hatten wir eine Formel für den Winkel zwischen 2 Vektoren gefunden; diese Formel wollen wir nun auf verschiedene geometrische Situationen anwenden:

a) Winkel zwischen zwei Geraden im $\mathbb{R}^2/\mathbb{R}^3$:

Dieser Winkel ist (falls er überhaupt existiert!) durch die beiden **Richtungsvektoren** bestimmt:

$\cos\varphi = \dfrac{\vec{u}\circ\vec{v}}{u\cdot v}$. Möglicherweise erhält man aber damit gerade den Nebenwinkel $\phi = 180° - \varphi$ (Beispiel in (3.3.b)); dies kann man vermeiden, wenn man um den Term Betragsstriche setzt:

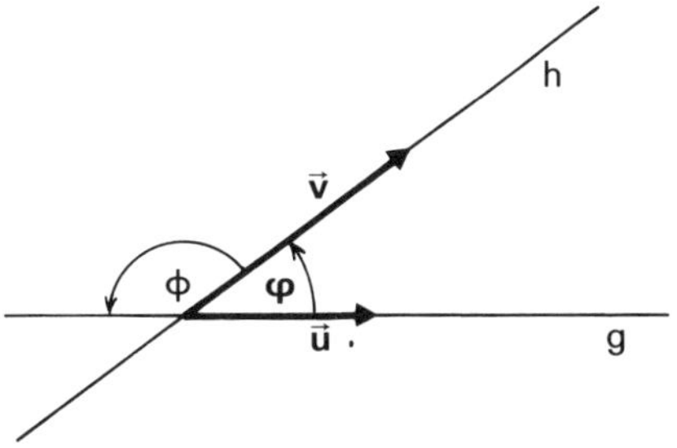

$$\boxed{\cos\varphi = \left|\frac{\vec{u}\circ\vec{v}}{u\cdot v}\right|}$$

Beispiel:

Die beiden Geraden g: $\vec{x} = \begin{pmatrix}2\\1\\2\end{pmatrix} + k\begin{pmatrix}6\\-7\\-6\end{pmatrix}$ und h: $\vec{x} = \begin{pmatrix}2\\1\\2\end{pmatrix} + m\begin{pmatrix}-2\\-10\\11\end{pmatrix}$ schließen den Winkel φ ein:

$$\cos\varphi = \left|\frac{\begin{pmatrix}6\\-7\\-6\end{pmatrix}\circ\begin{pmatrix}-2\\-10\\11\end{pmatrix}}{11\cdot 15}\right| = \left|\frac{-12+70-66}{165}\right| = \frac{8}{165} \Rightarrow \underline{\varphi = 87{,}22°}$$

(Zwei windschiefe Geraden besitzen natürlich keinen Schnittwinkel; Sie müssen also eventuell die Lage der beiden Geraden vorher prüfen!)

b) Winkel zwischen zwei Ebenen im $\mathbb{R}^3$:

Dieser Winkel wird gerade durch die **Normalenvektoren** der beiden Ebenen gebildet:

$$\boxed{\cos\varphi = \left|\frac{\vec{n}_1\circ\vec{n}_2}{n_1\cdot n_2}\right|}$$

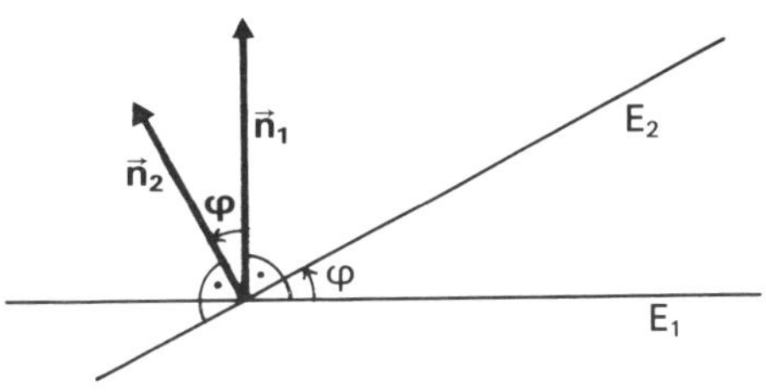

Beispiel:

$E_1\colon x_1 - x_2 + x_3 + 1 = 0,\ E_2\colon x_1 + 2x_2 - x_3 - 5 = 0$

$$\cos\varphi = \left|\frac{\begin{pmatrix}1\\-1\\1\end{pmatrix}\circ\begin{pmatrix}1\\2\\-1\end{pmatrix}}{\sqrt{3}\cdot\sqrt{6}}\right| = \frac{2}{\sqrt{18}} \Rightarrow \underline{\varphi = 61{,}87^\circ}$$

c) Winkel zwischen Gerade und Ebene im $\mathbb{R}^3$:

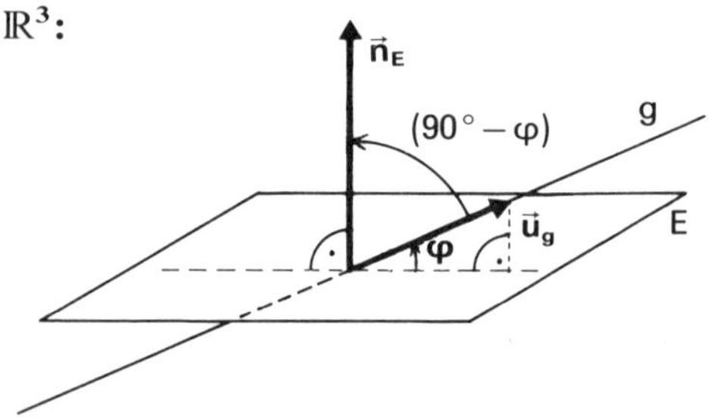

Zwischen $\vec{u}_g$ und $\vec{n}_E$ liegt gerade der Winkel $(90^\circ - \varphi)$; da $\cos(90^\circ - \varphi) = \sin\varphi$ ist, ergibt sich also

$$\boxed{\sin\varphi = \left|\frac{\vec{u}_g \circ \vec{n}_E}{u_g \cdot n_E}\right|}$$

Beispiel:

$$g\colon \vec{x} = \begin{pmatrix}4\\-3\\5\end{pmatrix} + k\begin{pmatrix}-3\\6\\2\end{pmatrix},\quad E\colon\ 12x_1 + 5x_3 - 17 = 0$$

$$\sin\varphi = \left|\frac{\begin{pmatrix}-3\\6\\2\end{pmatrix}\circ\begin{pmatrix}12\\0\\5\end{pmatrix}}{7\cdot 13}\right| = \left|\frac{-26}{7\cdot 13}\right| = \frac{2}{7} \Rightarrow \underline{\varphi = 16{,}60^\circ}$$

Aufgaben:

1. Gegeben sind die Geraden $g_1\colon \vec{x} = \begin{pmatrix}-4\\10\\9\end{pmatrix} + k\begin{pmatrix}3\\-6\\-7\end{pmatrix}$, $g_2\colon \vec{x} = \begin{pmatrix}4\\-1\\2\end{pmatrix} + k\begin{pmatrix}-2\\4\\6\end{pmatrix}$

$g_3\colon \vec{x} = \begin{pmatrix}1\\0\\-2\end{pmatrix} + k\begin{pmatrix}1\\-2\\-3\end{pmatrix}$, $g_4\colon \vec{x} = \begin{pmatrix}0\\7\\14\end{pmatrix} + k\begin{pmatrix}2\\-9\\-19\end{pmatrix}$, $g_5\colon \vec{x} = \begin{pmatrix}-2\\6\\7\end{pmatrix} + k\begin{pmatrix}2\\-4\\-6\end{pmatrix}$

sowie die Ebenen E_1: $x_1 - x_2 + x_3 + 1 = 0$, E_2: $x_1 + 2x_2 - x_3 - 5 = 0$,

E_3: $\vec{x} = \begin{pmatrix} 1 \\ 0 \\ -2 \end{pmatrix} + m \begin{pmatrix} 4 \\ -2 \\ 0 \end{pmatrix} + n \begin{pmatrix} 0 \\ 1 \\ 2 \end{pmatrix}$.

Bestimmen Sie die Schnittwinkel für

(a) $g_1 \cap g_3$	(b) $g_2 \cap g_4$	(c) $g_2 \cap g_3$	(d) $g_3 \cap g_5$	
(e) $g_4 \cap g_5$	(f) $g_1 \cap g_2$	(g) $E_1 \cap E_3$	(h) $E_2 \cap E_3$	
(i) $g_1 \cap E_1$	(j) $g_1 \cap E_2$	(k) $g_1 \cap E_3$	(l) $g_2 \cap E_2$	(m) $g_2 \cap E_3$

2. Welche Punkte A und B der Geraden g: $\vec{x} = \begin{pmatrix} -1 \\ 3 \\ 2 \end{pmatrix} + k \begin{pmatrix} 1 \\ 0 \\ 1 \end{pmatrix}$ bilden zusammen mit dem Punkt $C(2/7/1) \notin g$ ein gleichseitiges Dreieck?

3. Welche Geraden schneiden die Gerade g: $\vec{x} = \begin{pmatrix} 2 \\ 1 \end{pmatrix} + k \begin{pmatrix} 4 \\ 3 \end{pmatrix}$ in ihrem Anfangspunkt $A(2/1)$ unter einem Winkel von 45°?

4.5 Hesse-Normalform

a) Die Hesse-Normalform (HNF) ist eine spezielle Normalenform, gilt also ebenfalls wieder **nur** für die **Gerade im $\mathbb{R}^2$** und die **Ebene im $\mathbb{R}^3$, nicht** aber für die **Gerade im $\mathbb{R}^3$** (4.1.a): ersetzt man in der „normalen" Normalenform $\vec{n} \circ (\vec{x} - \vec{a}) = 0$ den Normalenvektor $\vec{n}$ durch einen speziellen Einheitsnormalenvektor $\vec{n}^0$, so kommt man zur **Hesse-Normalform $\vec{n}^0 \circ (\vec{x} - \vec{a}) = 0$.**

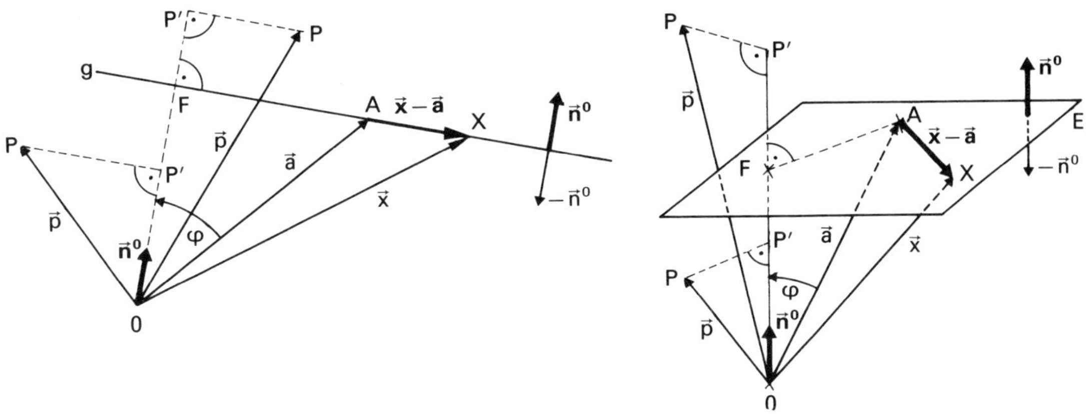

Aus den Zeichnungen sehen Sie, daß es zwei Möglichkeiten für $\vec{n}^0$ gibt: einmal den hier eingezeichneten Einheitsnormalenvektor $\vec{n}^0$, der vom Ursprung 0 zur Gerade/Ebene zeigt bzw. seinen Gegenvektor $-\vec{n}^0$; man nimmt aus Praktikabilitätsgründen immer den Vektor $\vec{\mathbf{n}}^{\mathbf{0}}$, der **vom Ursprung zur Gerade/Ebene** zeigt.

Woran erkennt man aber nun in der Rechnung, daß man den richtigen Einheitsnormalenvektor gewählt hat? Löst man die Gleichung $\vec{n}^0 \circ (\vec{x} - \vec{a}) = 0$ auf zu $\vec{n}^0 \circ \vec{x} - \vec{n}^0 \circ \vec{a} = 0$ (*), so ergibt $\vec{n}^0 \circ \vec{a}$ gerade die (positive) Streckenlänge $\overline{0F}$ ($\vec{n}^0 \circ \vec{a}$ ist die Projektionslänge von $\vec{a}$ auf $\vec{n}^0$: $\overline{0F} = \frac{\vec{n}^0 \circ \vec{a}}{|\vec{n}^0|} = \frac{\vec{n}^0 \circ \vec{a}}{1} = \vec{n}^0 \circ \vec{a} > 0$, da wegen der Orientierung von $\vec{n}^0$ immer $\varphi < 90°$ ist (siehe 3.1.d.1–2) und (3.1.e.3)), also den Abstand der Gerade/Ebene zum Nullpunkt: $d(0, g/E) = \overline{0F} = \vec{n}^0 \circ \vec{a} > 0$. Wegen des Minuszeichens in (*) muß (bei richtiger Wahl von $\vec{n}^0$) also die **Konstante <0** sein.

Wie kommt man nun von der Normalenform in die Hesse-Normalform? Wenn Sie $\vec{n}^0 \circ (\vec{x} - \vec{a}) = 0$ in Koordinaten auflösen zu $n_1 x_1 + n_2 x_2 [+ n_3 x_3] + n_4 = 0$ (4.1.b.1), so müssen Sie diese Gleichung – um einen Einheitsnormalenvektor zu erzeugen (3.3.a) – noch durch die Länge $\pm n = \pm\sqrt{n_1^2 + n_2^2 [+ n_3^2]}$ dividieren, und zwar so, daß am Schluß die Konstante $\frac{n_4}{\pm\sqrt{}} < 0$ wird.

Fassen wir alle Ergebnisse zusammen:

> **Die Gleichung $\vec{n}^0 \circ (\vec{x} - \vec{a}) = 0 \Leftrightarrow \vec{n}^0 \circ \vec{x} - \overline{0F} = 0$ ($\overline{0F} > 0$) heißt Hesse-Normalform einer Geraden im $\mathbb{R}^2$/Ebene im $\mathbb{R}^3$; $\vec{n}^0$ ist dabei immer von 0 auf g/E orientiert.**
>
> **Die Gerade/Ebene $n_1 x_1 + n_2 x_2 [+ n_3 x_3] + n_4 = 0$ besitzt die HNF $\frac{n_1 x_1 + n_2 x_2 [+ n_3 x_3] + n_4}{\pm\sqrt{n_1^2 + n_2^2 [+ n_3^2]}} = 0$; das Vorzeichen der Wurzel ist dabei entgegengesetzt dem Vorzeichen von n_4 zu wählen.**

Beispiel:

$$E\colon \vec{x} = \begin{pmatrix} -2 \\ 2 \\ -1 \end{pmatrix} + m \begin{pmatrix} 3 \\ 4 \\ 0 \end{pmatrix} + n \begin{pmatrix} -3 \\ 4 \\ 2 \end{pmatrix}$$

$$\text{E in NF (4.1.b.1): } \vec{n} = \begin{pmatrix} 3 \\ 4 \\ 0 \end{pmatrix} \times \begin{pmatrix} -3 \\ 4 \\ 2 \end{pmatrix} = \begin{pmatrix} 8 \\ -6 \\ 12 + 12 \end{pmatrix} = 2 \begin{pmatrix} 4 \\ -3 \\ 12 \end{pmatrix}$$

$$\text{NF E: } \begin{pmatrix} 4 \\ -3 \\ 12 \end{pmatrix} \left[\vec{x} - \begin{pmatrix} -2 \\ 2 \\ -1 \end{pmatrix} \right] = 0 \Leftrightarrow 4x_1 - 3x_2 + 12x_3 + 26 = 0$$

Wenn Sie diese Gleichung nun durch $-n = -\sqrt{4^2+(-3)^2+12^2} = -13$ dividieren, erhalten Sie die Hesse-Normalform von E:

$$\text{HNF E:}\quad -\frac{4}{13}x_1 + \frac{3}{13}x_2 - \frac{12}{13}x_3 - 2 = 0$$

Daraus können Sie ablesen: $d(0, E) = \overline{0F} = 2$ LE.

b) Die Bedeutung der Hesse-Normalform besteht in der Möglichkeit, den **Abstand eines Punktes $P \notin g/E$ zur Gerade/Ebene** auf einfache Art berechnen zu können: Setzt man nämlich für $X(\vec{x})$ den Punkt $P(\vec{p})$ in die HNF ein, so erhält man (siehe Zeichnung in a)) $\vec{n}^0 \circ (\vec{p} - \vec{a}) = \vec{n}^0 \circ \vec{p} - \vec{n}^0 \circ \vec{a} = \overline{0P'} - \overline{0F} = \pm \overline{FP'}$, je nachdem, ob P auf der „Ursprungsseite“ der Geraden/Ebene liegt (dann ist $\overline{0P'} - \overline{0F} < 0$) oder nicht (dort ist $\overline{0P'} - \overline{0F} > 0$).

Um den Abstand eines Punktes $P(\vec{p})$ von einer Gerade im $\mathbb{R}^2$/Ebene im $\mathbb{R}^3$ zu berechnen, setzt man $\vec{p}$ statt $\vec{x}$ in die HNF von g/E ein. Der (positive) Abstand wird mit einem Vorzeichen versehen: das Vorzeichen ist negativ/positiv, je nachdem, ob der Punkt P in derselben Hälfte wie der Ursprung liegt oder nicht. (Also mit Betrag rechnen!)

Den Lotfußpunkt erhalten Sie mit dieser Rechnung natürlich nicht; wird er aus irgendeinem Grund benötigt, müssen Sie nach (3.4.d.1) bzw. (4.3.d.1) verfahren!

Beispiele:

1. Welchen Abstand hat $P(5/7/-3)$ von E: $2x_1 + 2x_2 - x_3 + 18 = 0$? (4.3.d.1)

$$\text{HNF E:}\quad \frac{2x_1 + 2x_2 - x_3 + 18}{-\sqrt{2^2+2^2+(-1)^2}} = 0$$

$$-\frac{2}{3}x_1 - \frac{2}{3}x_2 + \frac{1}{3}x_3 - 6 = 0 \quad \left(\Rightarrow d(0, E) = 6 \text{ LE},\ \vec{n}^0 = \begin{pmatrix} -2/3 \\ -2/3 \\ 1/3 \end{pmatrix}\right)$$

$$\text{P einsetzen:}\quad \left| -\frac{2}{3}\cdot 5 - \frac{2}{3}\cdot 7 + \frac{1}{3}\cdot(-3) - 6 \right| = d(P, E)$$

$$d(P, E) = |-15| = 15 \text{ LE}$$

(P liegt dabei auf derselben Seite von E wie der Nullpunkt.)

2. Der Punkt $Q(-10/0/7)$ besitzt den Abstand $d(Q, E) = \left| -\frac{2}{3}(-10) - \frac{2}{3}\cdot 0 + \frac{1}{3}\cdot 7 - 6 \right| = |3| = 3$ LE auf der „ursprungsfernen“ Seite, und daß der Punkt $R(-6/1/8)$ auf E liegt, kann man auch durch $d(R, E) = \left| -\frac{2}{3}(-6) - \frac{2}{3}\cdot 1 + \frac{1}{3}\cdot 8 - 6 \right| = 0$ erkennen.

c) Beispiele:

① Die Gleichungen der im Abstand 4 LE zur Ebene E: $2x_1+2x_2-x_3+18=0$ parallelen Ebenen E_1 und E_2 lauten

$$d(X, E)=\pm 4$$

$$-\frac{2}{3}x_1-\frac{2}{3}x_2+\frac{1}{3}x_3-6=\pm 4 \quad |\cdot(-3)$$

$$2x_1+2x_2-x_3+18=\mp 12$$

$\underline{E_1: 2x_1+2x_2-x_3+30=0}$, $\underline{E_2: 2x_1+2x_2-x_3+6=0}$

② Welche Kugel K mit $r=6$ LE berührt die Ebene E (aus ①) im Punkt $B(-6/1/8)$ von der dem Ursprung zugewandten Seite her?

Lösungsidee siehe (4.1.f.4).
Den von 0 zur Ebene zeigenden Einheitsnormalenvektor $\vec{n}^0$ erhält man aus der HNF: $\vec{n}^0=\begin{pmatrix}-2/3\\-2/3\\1/3\end{pmatrix}$. Da Sie von der Ebene aus in Richtung Ursprung, also in Richtung $-\vec{n}^0$ gehen müssen, ist

$$\vec{m}=\begin{pmatrix}-6\\1\\8\end{pmatrix}-6\begin{pmatrix}-2/3\\-2/3\\1/3\end{pmatrix}=\begin{pmatrix}-6\\1\\8\end{pmatrix}+\begin{pmatrix}4\\4\\-2\end{pmatrix}=\begin{pmatrix}-2\\5\\6\end{pmatrix}$$

$$\underline{K: \left[\vec{x}-\begin{pmatrix}-2\\5\\6\end{pmatrix}\right]^2=36}$$

Alternative: Schneiden Sie die Lotgerade zu E durch B ($l: \vec{x}=\begin{pmatrix}-6\\1\\8\end{pmatrix}+k\begin{pmatrix}2\\2\\-1\end{pmatrix}$) mit der in Richtung Ursprung liegenden Parallelebene zu E im Abstand 6 LE (E': $-\frac{2}{3}x_1-\frac{2}{3}x_2+\frac{1}{3}x_3-6=-6$).

③ Siehe Aufgabe (4.3.d.4). Zeigen Sie nur, daß die Ebene die Kugel schneidet.

Berechnen Sie $d(M, E)$; ist $|d(M, E)|<r$, schneiden sich E und K:

HNF E: $\frac{7}{9}x_1+\frac{4}{9}x_2-\frac{4}{9}x_3=0$ ($0\in E$, daher HNF E nicht eindeutig!)

M in HNF E: $\underline{d(M, E)=}\left|\frac{7}{9}(-7)+\frac{4}{9}(-4)-\frac{4}{9}\cdot 4\right|=\underline{9<10=r}$

④ *Abstand paralleler Geraden im $\mathbb{R}^2$/Ebenen im $\mathbb{R}^3$*
Abstand einer Geraden zu einer parallelen Ebene im $\mathbb{R}^3$

Den Abstand zweier paralleler Geraden im $\mathbb{R}^2$/Ebenen im $\mathbb{R}^3$ können Sie nun ganz einfach berechnen, indem Sie einen beliebigen Punkt der einen Geraden/Ebene in die HNF der anderen Gerade/Ebene einsetzen.

Achtung: Der Lösungsweg für den Abstand zweier paralleler Geraden im $\mathbb{R}^3$ bleibt wie bisher!! (siehe (3.2.c.6))

Der Abstand der beiden Ebenen E_1 und E_2 aus Beispiel ① wäre also:

$$\text{HNF } E_1\text{: } -\frac{2}{3}x_1 - \frac{2}{3}x_2 + \frac{1}{3}x_3 - 10 = 0$$

$(0/0/6) \in E_2$ in HNF E_1 eingesetzt ergibt $\underline{d(E_1, E_2)} = \left|\frac{1}{3}\cdot 6 - 10\right| = \underline{8\text{ LE}}.$

Genauso können Sie den Abstand einer zu einer Ebene parallelen Geraden im $\mathbb{R}^3$ berechnen, indem Sie einen beliebigen Punkt der Geraden (z. B. den Stützpunkt) in die HNF der Ebene einsetzen (siehe nächstes Beispiel).

⑤ *Abstand zweier windschiefer Geraden ohne Berechnung der Lotfußpunkte*

Siehe Aufgabe (3.2.c.7).

Wir bilden die Hilfsebene E mit $g \subset E$ und $h \parallel E$. Damit ist $d(g, h)$ gleich dem Abstand eines beliebigen Punktes von h zu E (nach ④).

$$E\text{: } \vec{x} = \begin{pmatrix}-2\\4\\1\end{pmatrix} + m\begin{pmatrix}3\\-2\\-2\end{pmatrix} + n\begin{pmatrix}0\\2\\1\end{pmatrix}$$

$$\vec{n}_E = \begin{pmatrix}3\\-2\\-2\end{pmatrix} \times \begin{pmatrix}0\\2\\1\end{pmatrix} = \begin{pmatrix}-2+4\\0-3\\6-0\end{pmatrix} = \begin{pmatrix}2\\-3\\6\end{pmatrix}$$

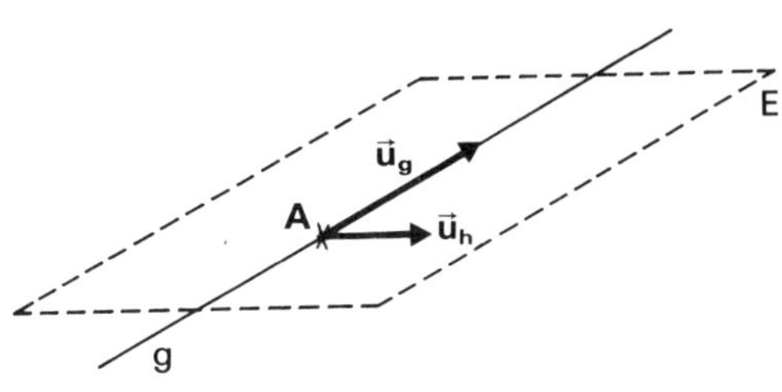

$$\text{NF } E\text{: } \begin{pmatrix}2\\-3\\6\end{pmatrix} \circ \left[\vec{x} - \begin{pmatrix}-2\\4\\1\end{pmatrix}\right] = 0$$

$$\Leftrightarrow 2x_1 - 3x_2 + 6x_3 + 10 = 0 \quad |:(-7)$$

$$\text{HNF } E\text{: } -\frac{2}{7}x_1 + \frac{3}{7}x_2 - \frac{6}{7}x_3 - \frac{10}{7} = 0$$

$$\underline{d(g,h)} = d((3/3/7), E) = \left|-\frac{2}{7}\cdot 3 + \frac{3}{7}\cdot 3 - \frac{6}{7}\cdot 7 - \frac{10}{7}\right| = \left|-\frac{49}{7}\right| = \underline{7\text{ LE}}$$

d) Mit Hilfe der Abstandsberechnung über die HNF kann man nun auch auf schnelle Weise die **winkelhalbierenden Geraden im $\mathbb{R}^2$/Ebenen im $\mathbb{R}^3$** bestimmen: da für alle Punkte $X \in w_{1/2}$ die Abstände zu beiden Geraden/Ebenen (entgegengesetzt bzw. vorzeichenrichtig) gleich sein müssen, kann man ansetzen:

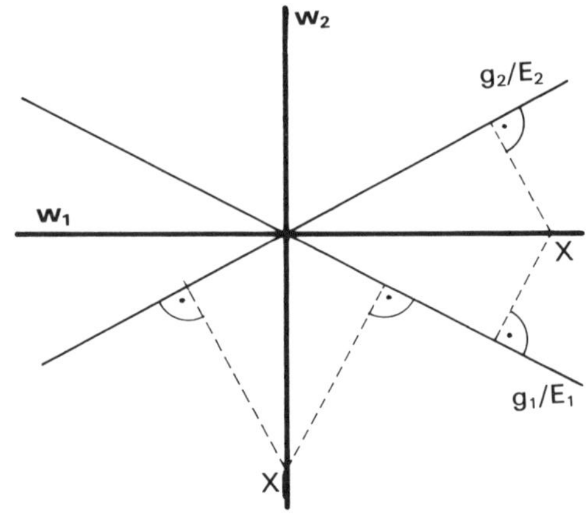

$$\mathbf{w_{1/2}\colon\ d(X, g_1/E_1) = \pm d(X, g_2/E_2)}$$

e) Beispiele:

① Welche Kugeln berühren gleichzeitig die beiden Ebenen $E_1\colon x_1 + 2x_2 - 2x_3 + 18 = 0$ und $E_2\colon 7x_1 - 4x_2 + 4x_3 - 54 = 0$, und zwar die Ebene E_1 im Punkt $B(-2/-4/4)$?

Wir berechnen zunächst

$$w_{1/2}\colon\ \frac{x_1 + 2x_2 - 2x_3 + 18}{-3} = \pm\frac{7x_1 - 4x_2 + 4x_3 - 54}{9}$$

$$-3x_1 - 6x_2 + 6x_3 - 54 = \pm(7x_1 - 4x_2 + 4x_3 - 54)$$

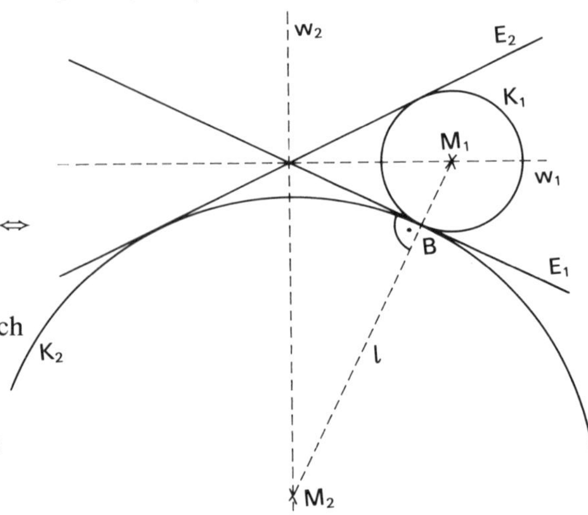

$$w_1\colon\quad 10x_1 + 2x_2 - 2x_3 = 0 \Leftrightarrow$$
$$5x_1 + x_2 - x_3 = 0$$

$$w_2\colon\quad 4x_1 - 10x_2 + 10x_3 - 108 = 0 \Leftrightarrow$$
$$2x_1 - 5x_2 + 5x_3 - 54 = 0$$

Die Mittelpunkte erhält man durch Schnitt der Lotgeraden

$$l\colon\ \vec{x} = \begin{pmatrix} -2 \\ -4 \\ 4 \end{pmatrix} + k\begin{pmatrix} 1 \\ 2 \\ -2 \end{pmatrix}$$ mit jeweils

einer winkelhalbierenden Ebene:

$$w_1 \cap l\colon\ 5(-2+k) + (-4+2k) - (4-2k) = 0$$

$$k = 2 \quad \text{in } l\colon\quad M_1(0/0/0)$$

$$r_1 = d(M_1, E_1) = \left|-\frac{18}{3}\right| = 6\ \text{LE}$$

$w_2 \cap l: 2(-2+k)-5(-4+2k)+5(4-2k)-54=0$

$$k=-1 \quad \text{in } l: \quad M_2(-3/-6/6)$$

$$r_2 = d(M_2, E_1) = \left|\frac{-3-12-12+18}{-3}\right| = 3 \text{ LE}$$

$$\underline{K_1: \vec{x}^2 = 36}, \quad \underline{K_2: \left[\vec{x} - \begin{pmatrix} -3 \\ -6 \\ 6 \end{pmatrix}\right]^2 = 9}$$

② Berechnen Sie Mittelpunkt und Radius des Inkreises des Dreiecks aus (3.3.c).

Es empfiehlt sich, diese Aufgabe nicht mit der HNF, sondern wie in (3.3.c) zu rechnen: die Klärung der Frage, ob man nun die Innen- oder die Außenwinkelhalbierende vor sich hat, ist mit der HNF ziemlich aufwendig.

Was aber fehlt, ist noch der Radius r: $r = d(AC, I)$

$$AC: \quad \frac{x_2+1}{x_1+2} = \frac{5+1}{6+2} \Rightarrow 3x_1 - 4x_2 + 2 = 0 \qquad (4.1.g)$$

$$\text{HNF } AC: \quad -\frac{3}{5}x_1 + \frac{4}{5}x_2 - \frac{2}{5} = 0$$

$$\underline{r=} d(AC, I) = \left|-\frac{3}{5}\cdot 4 + \frac{4}{5}\cdot 1 - \frac{2}{5}\right| = \underline{2 \text{ LE}}$$

f) In Verallgemeinerung des Prinzips aus (4.5.d) kann man nun auch die Menge aller Geraden g_a durch einen Punkt P im $\mathbb{R}^2$/Ebenen E_a durch eine gemeinsame Gerade s im $\mathbb{R}^3$ (**Geraden-/Ebenenbüschel**) bilden:

g_1/E_1: $m_1x_1 + m_2x_2[+m_3x_3] + m_4 = 0$, g_2/E_2: $n_1x_1 + n_2x_2[+n_3x_3] + n_4 = 0$

$g_1 \cap g_2 = \{P\}/E_1 \cap E_2 = \{s\}$

Dann lautet die Gleichung des Geradenbüschels durch P/Ebenenbüschels durch s:

g_a/E_a: $m_1x_1 + m_2x_2[+m_3x_3] + m_4 = a\cdot(n_1x_1 + n_2x_2[+n_3x_3] + n_4)$ $(a \in \mathbb{R})$

(Setzen Sie P bzw. s in die Büschelgleichung ein: Sie erhalten $0 = a\cdot 0 \Rightarrow 0 = 0$ (w) für jedes $a \in \mathbb{R}$!)

Beispiel:

Wir wollen das Beispiel (4.1.f.6) auf eine andere Art berechnen:

Das Geradenbüschel durch P(7/1) läßt sich am einfachsten aus der Waagrechten ($x_2 - 1 = 0$) und der Senkrechten ($x_1 - 7 = 0$) durch P bestimmen:
g_a: $x_2 - 1 = a(x_1 - 7) \Leftrightarrow a x_1 - x_2 + (1 - 7a) = 0 \quad (a \in \mathbb{R})$

Die Tangenten an K aus diesem Büschel g_a haben gerade den Abstand 5 LE zum Mittelpunkt M:

HNF g_a: $$\frac{a x_1 - x_2 + (1 - 7a)}{\pm\sqrt{a^2 + 1}} = 0$$

$d(M, g_a) = 5$: $$\left|\frac{a \cdot 0 - 0 + (1 - 7a)}{\pm\sqrt{a^2 + 1}}\right| = 5$$

$$|1 - 7a| = 5 \cdot \sqrt{a^2 + 1} \quad \Big|^2 \quad \text{(Betrag entfällt: } |x|^2 = x^2!)$$

$$1 - 14a + 49a^2 = 25(a^2 + 1)$$

$$a_1 = -\frac{3}{4}, \quad a_2 = \frac{4}{3}$$

Diese beiden Werte in g_a eingesetzt ergibt die zwei Tangentengleichungen

$\underline{t_1}$: $x_2 - 1 = -\frac{3}{4}(x_1 - 7) \Leftrightarrow \underline{3x_1 + 4x_2 - 25 = 0}$ und

$\underline{t_2}$: $x_2 - 1 = \frac{4}{3}(x_1 - 7) \Leftrightarrow \underline{4x_1 - 3x_2 - 25 = 0}$

Aufgaben:

1. Welchen Abstand hat der Punkt P von der Gerade g/Ebene E?
   (a) A(−1/2), B(7/8) ∈ g, P(4,5/3)
   (b) g: $\vec{x} = \begin{pmatrix} 1 \\ 2 \end{pmatrix} + k \begin{pmatrix} 3 \\ -2 \end{pmatrix}$, P(8/6)
   (c) A(1/1/8), B(6/3/−6) ∈ g, P(2/−1/−8)
   (d) A(1/−3/4), B(4/0/8), C(3/3/4) ∈ E, P(11/7/1)
   (e) E: $12x_1 - 14x_2 + 12x_3 + 11 = 0$, P(1/2/5)

2. Bestimmen Sie den Abstand der Geraden und Ebenen, ohne irgendwelche Lotfußpunkte auszurechnen:
   (a) g_1: $\vec{x} = \begin{pmatrix} 2 \\ 1 \end{pmatrix} + k \begin{pmatrix} 3 \\ 2 \end{pmatrix}$, g_2: $\vec{x} = \begin{pmatrix} -3 \\ 2 \end{pmatrix} + m \begin{pmatrix} 3 \\ 2 \end{pmatrix}$

(b) $E_1\colon 2x_1 - 2x_2 + x_3 - 15 = 0$, $E_2\colon 2x_1 - 2x_2 + x_3 + 18 = 0$

(c) $g\colon \vec{x} = \begin{pmatrix} 5 \\ -2 \\ 3 \end{pmatrix} + k \begin{pmatrix} 1 \\ -4 \\ 1 \end{pmatrix}$, $E\colon 8x_1 + x_2 - 4x_3 + 37 = 0$

(d) $g_1\colon \vec{x} = \begin{pmatrix} 7 \\ -3 \\ -13 \end{pmatrix} + k \begin{pmatrix} -5 \\ 0 \\ 1 \end{pmatrix}$, $g_2\colon \vec{x} = \begin{pmatrix} 6 \\ 10 \\ 6 \end{pmatrix} + m \begin{pmatrix} 0 \\ 4 \\ -1 \end{pmatrix}$

3. Wie liegt die Kugel $K\colon \left[\vec{x} - \begin{pmatrix} 4 \\ 3 \\ 2 \end{pmatrix}\right]^2 = 36$ bezüglich der Ebenen E?

Berechnen Sie, falls möglich, Mittelpunkt und Radius des Schnittkreises bzw. den Berührpunkt.

(a) $E\colon 2x_1 - 2x_2 + x_3 - 13 = 0$

(b) $E\colon 2x_1 + 2x_2 - x_3 + 6 = 0$

(c) $E\colon 8x_1 + 9x_2 + 12x_3 - 372 = 0$

4. Bestimmen Sie die Gleichungen der Tangenten an den Kreis $K\colon \left[\vec{x} - \begin{pmatrix} 4 \\ 1 \end{pmatrix}\right]^2 = 25$, die

(a) parallel zur Geraden $g\colon \vec{x} = \begin{pmatrix} 1 \\ 2 \end{pmatrix} + k \begin{pmatrix} 3 \\ 4 \end{pmatrix}$ verlaufen.

(b) senkrecht zur Geraden g aus (a) liegen.

5. Welche Tangentialebenen an die Kugel $K\colon \left[\vec{x} - \begin{pmatrix} 4 \\ -2 \\ 3 \end{pmatrix}\right]^2 = 841$ liegen parallel zur Ebene $E\colon 12x_1 - 16x_2 + 21x_3 - 17 = 0$?

6. Welche Kugeln mit dem Radius $r = 10$ LE berühren die Ebene $E\colon 4x_2 - 3x_3 + 7 = 0$ im Punkt $B(3/-1/1)$?

7. Welche Kugeln mit dem Radius $r = 6$ LE, deren Mittelpunkte auf der Geraden $g\colon \vec{x} = \begin{pmatrix} 2 \\ 2 \\ 9 \end{pmatrix} + k \begin{pmatrix} -5 \\ 5 \\ 11 \end{pmatrix}$ liegen, berühren die Ebene $E\colon 2x_1 - 2x_2 + x_3 = 0$? In welchen Punkten berühren die Kugeln die Ebene E?

8. (a) Wo liegen die Mittelpunkte aller Kugeln, die die Ebenen $E_1\colon 3x_1 - 4x_3 + 5 = 0$ und $E_2\colon 5x_1 + 14x_2 - 2x_3 - 1 = 0$ berühren?

(b) Welche Gleichung hat die Schnittgerade aller 4 Ebenen?

(c) Unter welchem Winkel schneiden sich E_1 und E_2, und wie liegen die anderen beiden Ebenen zueinander?

(d) Welche Kugeln, die E_1 und E_2 berühren, haben ihren Mittelpunkt auf der Geraden g: $\vec{x} = \begin{pmatrix} 7 \\ 1 \\ 0 \end{pmatrix} + k \begin{pmatrix} 2 \\ 2 \\ 1 \end{pmatrix}$?

(e) Wo liegen alle Punkte, deren Abstand zur Ebene E_2 doppelt so groß ist wie zur Ebene E_1? Liegen diese beiden Ebenen - wie die winkelhalbierenden Ebenen - auch senkrecht zueinander?

9. Berechnen Sie von der Pyramide A(4/0/0), B(0/4/0), C(−4/0/0), D(0/−4/0), E(0/0/8) die Gleichungen der Umkugel und der Inkugel.

10. Legen Sie vom Punkt P(9/18) die Tangenten an den Kreis
K: $\left[\vec{x} - \begin{pmatrix} 2 \\ 1 \end{pmatrix}\right]^2 = 169$.

11. Welche Tangentialebenen an die Kugel K: $\left[\vec{x} - \begin{pmatrix} 4 \\ -2 \\ 3 \end{pmatrix}\right]^2 = 36$ enthalten die Gerade g: $\vec{x} = \begin{pmatrix} 4 \\ 7 \\ 3 \end{pmatrix} + k \begin{pmatrix} 6 \\ -5 \\ 2 \end{pmatrix}$?

5. Anhang: Übersicht über wichtige Aufgabentypen

Da in diesem Buch die wichtigen Aufgabentypen mit Absicht über den gesamten Band verteilt wurden – einfach um die Aufgabenfülle zu entzerren –, ist es am Schluß notwendig, in kurzen tabellarischen Übersichten das Wesentlichste zusammenzufassen; Sie finden hier alle Möglichkeiten der Schnitt- und Abstandsberechnung aufgezählt mit einem Vermerk, wo ein vollständig durchgerechnetes Beispiel mit Erläuterungen zu finden ist.

(Abkürzungen: PF: Parameterform, NF: Normalenform, HNF: Hesse-Normalform, $\vec{u}$: Richtungsvektor, $\vec{n}$: Normalenvektor)

5.1 Schnittaufgaben

a) Gerade – Gerade (Lagediagramm: (2.4.b))

1. *PF – PF im* $\mathbb{R}^2 \mid \mathbb{R}^3$:	PFen gleichsetzen	(2.4.a)
2. *PF – NF im* $\mathbb{R}^2$:	PF in NF einsetzen	(4.3.a)
3. *PF – NF im* $\mathbb{R}^3$:	NF in PF umwandeln	(4.2.c)
4. *NF – NF im* $\mathbb{R}^2$:	Gleichungssystem	(4.2.a)

b) Gerade – Ebene (Lage: ($\vec{u}_g \circ \vec{n}_E = 0$?) bzw. (2.4.d))

1. *PF – PF im* $\mathbb{R}^3$:	PFen gleichsetzen	(2.4.c)
2. *PF – NF im* $\mathbb{R}^3$:	PF in NF einsetzen	(4.3.b)

c) Ebene – Ebene (Lage: $\vec{n}_{E_1} = k \cdot \vec{n}_{E_2}$?) bzw. (2.4.g))

1. *PF – PF im* $\mathbb{R}^3$:	PFen gleichsetzen	(2.4.f)
		(Spurgeraden: (2.4.h))
2. *PF – NF im* $\mathbb{R}^3$:	PF in NF einsetzen	(4.3.c)
3. *NF – NF im* $\mathbb{R}^3$:	Spurgeraden schneiden, $\vec{u}_s = \vec{n}_1 \times \vec{n}_2$	(4.2.d)
		(Spurgeraden: (4.2.c))

d) Gerade – Kreis im $\mathbb{R}^2$/Kugel im $\mathbb{R}^3$

1. *PF – Kreis im* $\mathbb{R}^2$: *PF – Kugel im* $\mathbb{R}^3$:	PF in K einsetzen	(3.5.c)
2. *NF – Kreis im* $\mathbb{R}^2$:	NF in K einsetzen	(4.1.f.6) ab (**)

e) Ebene - Kugel im $\mathbb{R}^3$ (Lage: M_K in HNF E/(4.5.c.3))

M_K und r_K getrennt berechnen (4.3.d.4)

5.2 Abstandsaufgaben

a) im $\mathbb{R}^2$

1. *Punkt - Punkt*:	Wurzelformel	(3.2.b)
2. *Punkt - Gerade*:		
(α) mit Lotfußpunkt:	Lot auf g fällen; PF	(3.4.d.1)
	NF	(4.3.d.5)
(β) ohne Lotfußpunkt:	P in HNF g einsetzen	(4.5.b.1)
3. *2 parallele Geraden*:	($\vec{u}_g$, $\vec{u}_h$ bzw. $\vec{n}_f$, $\vec{n}_h$ kollinear!)	
	A_g in HNF h einsetzen	(4.5.c.4)

b) im $\mathbb{R}^3$

1. *Punkt - Punkt*:	Wurzelformel	(3.2.b)
2. *Punkt - Gerade*:	$\overrightarrow{PP_g} \circ \vec{u}_g = 0$	(3.2.c.5)
3. *Punkt - Ebene*:		
(α) mit Lotfußpunkt:	Lot auf E fällen; PF	(3.4.d.2)
	NF	(4.3.d.1)
(β) ohne Lotfußpunkt:	P in HNF E einsetzen	(4.5.b.1)
4. *2 parallele Geraden*:	($\vec{u}_g$, $\vec{u}_h$ kollinear!)	
	Lot von A_g auf h fällen	(3.2.c.6)
5. *2 windschiefe Geraden*:	($\vec{u}_g \neq k \cdot \vec{u}_h$!)	
(α) mit Lotfußpunkten:	$\overrightarrow{P_gP_h} \circ \vec{u}_g = 0 \wedge \overrightarrow{P_gP_h} \circ \vec{u}_h = 0$	(3.2.c.7)
(β) ohne Lotfußpunkte:	A_h in HNF E ($g \subset E$, $h \parallel E$)	
	einsetzen	(4.5.c.5)
6. *Gerade - parallele Ebene*:	($\vec{u}_g \circ \vec{n}_E = 0$!)	
	A_g in HNF E einsetzen	(4.5.c.4)
7. *2 parallele Ebenen*:	($\vec{n}_{E_1}$, $\vec{n}_{E_2}$ kollinear!)	
	A_{E_1} in HNF E_2 einsetzen	(4.5.c.4)